ロボティクスシリーズ **3**

メカトロニクス計測の基礎

（改訂版）

―新SI対応―

工 学 博 士　石井　　明

博士（工学）　木股　雅章　共著

工 学 博 士　金子　　透

コ ロ ナ 社

刊行のことば

本シリーズは，1996 年，わが国の大学で初めてロボティクス学科が設立された機会に企画された。それからほぼ 10 年を経て，卒業生を順次社会に送り出し，博士課程の卒業生も輩出するに及んで，執筆予定の教員方からの脱稿が始まり，出版にこぎつけることとなった。

この 10 年は，しかし，待つ必要があった。工学部の伝統的な学科群とは異なり，ロボティクス学科の設立は，当時，世界初の試みであった。教育は手探りで始まり，実験的であった。試行錯誤を繰り返して得た経験が必要だった。教える前に書いたテキストではなく，何回かの講義，テストによる理解度の確認，演習や実習，実験を通じて練り上げるプロセスが必要であった。各巻の講述内容にも改訂と洗練を加え，各章，各節の取捨選択も必要だった。ロボティクス教育は，電気工学や機械工学といった単独の科学技術体系を学ぶ伝統的な教育法と違い，二つの専門（T 型）を飛び越えて，電気電子工学，機械工学，計算機科学の三つの専門（π 型）にまたがって基礎を学ばせ，その上にロボティクスという物づくりを指向する工学技術を教授する必要があった。もっとたいへんなことに，2000 年紀を迎えると，パーソナル利用を指向する新しいさまざまなロボットが誕生するに及び，本来は人工知能が目指していた“人間の知性の機械による実現”がむしろロボティクスの直接の目標となった。そして，ロボティクス教育は単なる物づくりの科学技術から，知性の深い理解へと視野を広げつつ，新たな科学技術体系に向かう一歩を踏み出したのである。

本シリーズは，しかし，新しいロボティクスを視野に入れつつも，ロボットを含めたもっと広いメカトロニクス技術の基礎教育コースに必要となる科目をそろえる当初の主旨は残した。三つの専門にまたがる π 型技術者を育てるとき，広くてもそれぞれが浅くなりがちである。しかし，各巻とも，ロボティクスに直接的にかかわり始めた章や節では，技術深度が格段に増すことに学生諸君も，そして読者諸兄も気づかれよう。恐らく，工学部の伝統的な電気工学，機械工学の学生諸君や，情報理工学部の諸君にとっても，本シリーズによってそれぞれの科学技術体系がロボティクスに焦点を結ぶときの意味を知れば，工学の面白さ，深さ，広がり，といった科学技術の醍醐味が体感できると思う。本シリーズによって幅の広いエンジニアになるための素養を獲得されんことを期待している。

2005 年 9 月

編集委員長　有本　　卓

ま　え　が　き

計測技術は，産業活動に限らず広く社会生活を支える上で不可欠な技術である。その内容は自然科学の各分野の知識を基盤とし広く深い。したがって，一編の教科書で取り上げることができる技術内容はおのずと限られる。本書は初学者を対象とし，大学のセメスタ 15 週の講義の範囲で扱える内容として，基本的な測定の実施方法と測定結果の表現方法およびメカトロニクス分野における主要な測定信号の検出と変換に必要なセンサ技術に限ることとした。そのため，信号処理技術の詳細や具体的なセンサ応用・計測システムについては触れていない。また部品材料の試験や感覚量の計測において，測定の効率的実施と測定結果の判定に有用な統計解析手法である，実験計画法，分散分析，t 検定等についても割愛した。これらに関し，信号処理技術とセンサ応用・計測システムについては，それぞれ本シリーズの「信号処理論」と「応用センサ工学」において，統計解析については同シリーズの「感覚生理工学」において取り上げられているので，読者の関心に応じて参照していただければ計測の知識を広げるのに有効であろう。

上記執筆方針により，本書による学習の狙いをつぎの点においた。まず，測定の基本的な実施方法と測定結果の表現方法については，測定のトレーサビリティを軸に，国際標準から測定現場にいたるトレーサビリティの連鎖，国際的なトレーサビリティの進展を支えるため近年導入が広がってきた測定値の不確かさの表現，そして，その基礎となる誤差分布の統計解析についての理解を得ることを狙いとする。また，実験学習，卒業研究の場など身近な測定機会で要求される基礎知識として，測定条件，特に測定の要求精度の設定，測定値の有効数字の表示，さらに測定値列が示す現象のグラフなどによる可視的表現について習得することを狙いとする。測定信号の検出と変換については，各種物理現象の応用とセンサ技術の適用による代表的な物理量の検出変換方法について述べ，電気量，力学量，温度などの基本的な測定量の具体的な測定方法について基礎知識を得ることを狙いとする。これらの狙いから，本書を以下のように構成した。

1章では，計測の基本的な概念を理解するために，計測の役割と計測システムの構成および種々の測定法について概説する。2章では，国際単位系と測定標準のネットワークとしてのトレーサビリティについて述べる。3章では，個々の物理量から測定信号を得るための基本的な原理と手段について述べ，4章では，電圧，電流，変位，圧力，温度などの基本的な物理量の測定方法について述べる。5章では，測定値の誤差分布について統計的に解析し，誤差の母集団の平均および分散を推定する方法および誤差解析の基盤となる正規分布の統計的性質について述べる。6章では，得られた測定値の精度と信頼性を統計的に評価する方法を述べた後，統計的方法以外の評価も合わせた測定値の不確かさの概念の導入と不確かさの評価方法について述べる。なお，初学者においては，6章を飛ばして，先に，7章へ進むことができる。最後の7章では，実際の測定の場面で出会うことが多い基本的な測定値の取り扱い方について，複数の測定量の測定結果から一つの測定量の値を算出する際の各測定の要求精度の設定，測定値の計算結果における有効数字の把握，さらに測定値列から現象の全体的傾向を理解するためのグラフによる表示および最小二乗法を用いた近似関数の当てはめについて述べる。執筆は，1章，2章，5章，6章を石井，3章，4章を木股，7章を金子が担当した。

2012年12月

著者代表　石井　明

改訂版にあたって

本書は2013年の初版から8年目が経過した。この間も，計測技術は科学技術および産業の世界的な発展の中で進歩を遂げてきた。その中で，国際単位系(SI)の基本単位7単位のうち，質量（キログラム：kg），電流（アンペア：A），温度（ケルビン：K）および物質量（モル：mol）の四つの基本単位の定義が変更になった。また時間（秒：s），長さ（メートル：m），光度（カンデラ：cd）の3単位は定義の表現が変更となった。特筆すべきは，これまで唯一質量の定義だけが国際キログラム原器という人工物で行われていたが，今回，他の6単位と同様に長期的に安定した基礎物理定数による定義に統一されたことであり，本書改訂の所以である。

定義の改定の発効は，計量単位令　政令第六号令和元年5月20日改定施行による。

2020年4月

著者代表　石井　明

目　　次

1. 計 測 の 概 要

2. 単 位 と 標 準

3.　信号の検出と変換

4.　メカトロニクスの基本測定

5.　測定値の誤差と精度

6. 測定値の信頼性評価と不確かさの評価

7. 測定値の取り扱い方

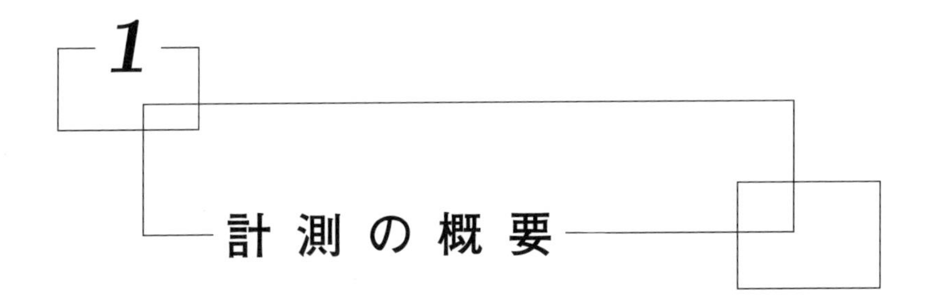

1 計測の概要

本章では，計測の役割と計測システムの成り立ちについて述べ，計測の基盤となる測定の概念と方法について基本的な理解を得ることを目的とする。

1.1 計測の役割

計測について，**日本工業規格** (Japanese Industrial Standard, JIS) では「特定の目的をもって，事物を量的にとらえるための方法・手法を考究し，実施し，その結果を用い所期の目的を達成すること」と定義している（JIS 計測用語 Z 8103:2000）。特定の目的としては，最先端の科学技術研究から農業・鉱工業生産や公共システムにいたるまで幅広い範囲に存在する。それぞれの分野で特定の目的に適（かな）った計測を実現するためには，分野特有の知識や技術が必要となるが，各計測に共通に使える計測の方法が存在する。計測は測定から始まる。**測定** (measurement) は，「ある量を，基準として用いる量と比較し，数値又は符号を用いて表すこと」と定義される（同上 JIS 計測用語）。計測システムは，測定量を信号に変換する**検出器** (detector) または**センサ** (sensor)，入力信号を処理しやすい信号（通常は電気信号）に変換する**変換器**または**トランスデューサ** (transducer)，検出器からの信号を伝送に適した信号に変換する**伝送器**または**発信器** (transmitter)，および伝送された信号を受け，指示，記録，警報などを行う**受信器** (receiver) から構成される（**図 1.1**）。検出器はセンサとも呼ばれ，計測または測定の目的に応じた最適なセンサ技術が使用される。計測システムの開発にあたって新たにセンサ技術が開発されることもあり，センサが計測シ

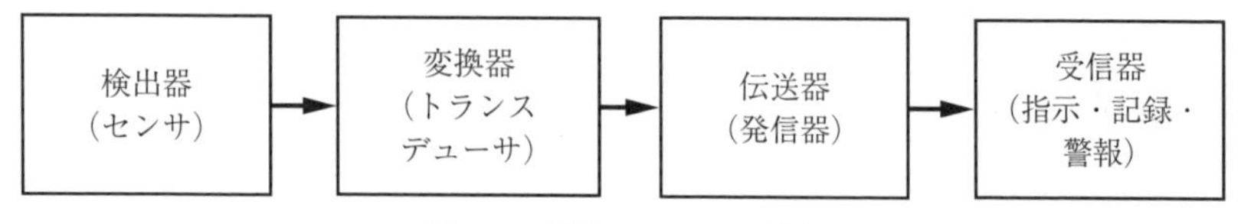

図 1.1　計測システムの構成

ステムを特徴づける構成要素となることがある。受信器は単なる指示計器に止まらず，高度の信号処理，情報処理を行う情報処理装置であることもある。

1.2　測 定 の 種 類

測定は，**直接測定** (direct measurement) と**間接測定** (indirect measurement) で，また**絶対測定** (absolute measurement) と**比較測定** (relative measurement) で，基本的に実施方法が異なる。

1.2.1　直接測定と間接測定

測定量をそれと同種類の基準として用いる量（標準器，あるいは公的な基準器による）と比較して単位量との比を直接数値化する測定を直接測定という。例えば，長さを長さの基準である目盛りのついた物差しやブロックゲージと比較し，電気抵抗をホイートストンブリッジ回路（図 **1.2**）を用いて標準抵抗と比較し，電位差を標準電池から作られた標準の電位差と比較して行う測定である。これに対し，測定量と一定の関係にあるいくつかの独立の測定結果から測定値を計算によって導き出す測定を間接測定という。例えば，速さの測定値を時間とその時間に移動した距離の二つの独立した測定から，電位差の測定値を独立した抵抗と電流の測定から導く測定がこれにあたる。

計測の実際的立場からは，直接測定は必要な測定量が直接的に測定できる場合であり，間接測定は必要な測定量が直接に測定できないので，その量と関係のあるいくつかの量を測定して，それらの値から間接的に計算によって目的の測定量を求める場合である。

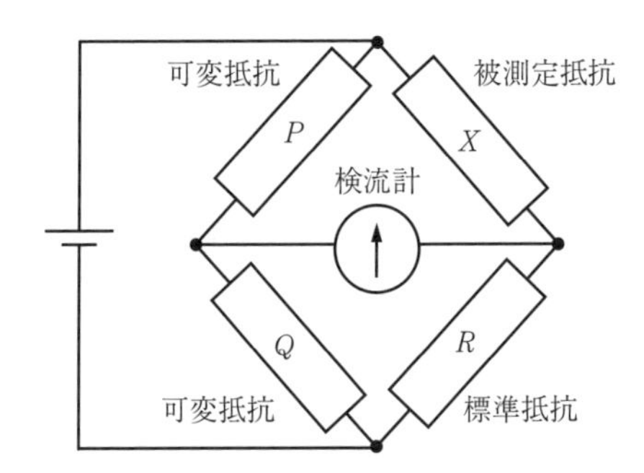

図 1.2　ホイートストンブリッジ回路による電気抵抗の測定

1.2.2　絶対測定と比較測定

絶対測定は，厳密には**基本測定法** (fundamental method of measurement) と**定義測定法** (definitive method of measurement) に分けられる。基本測定法は，基本量（2.1 節で詳述）を組み合わせて定義される組立量を基本量の測定によって決定する測定方法（間接測定）である。ここで，測定量は組立量であって，それ以外の一般の測定量は除かれる。例としては，**水銀気圧計** (mercurial barometer) において，水銀柱の高さ，密度，重力の加速度の測定から圧力を導く測定，また**ピストン圧力計** (piston guage)（**図 1.3**）において，ピストンに働く重力とピストンの断面積を質量，重力の加速度および直径の測定値から求めて圧力の測定値を導く測定が挙げられる。定義測定法は，ある量をその量の単位の定義に従って，測定する測定方法である。例えば，$^{133}_{55}$Cs **原子周波数標準器** (cesium-beam atomic frequency standard) が示す周波数と直接比較して行う周波数の測定がこれにあたる。

比較測定法は，同種類の量と比較して行う測定である。**電流計** (ammeter) は，目盛板に記された既知の電流量と測定電流量を指針の振れにより比較して行う比較測定であり，一般の測定の多くは比較測定法によっている。

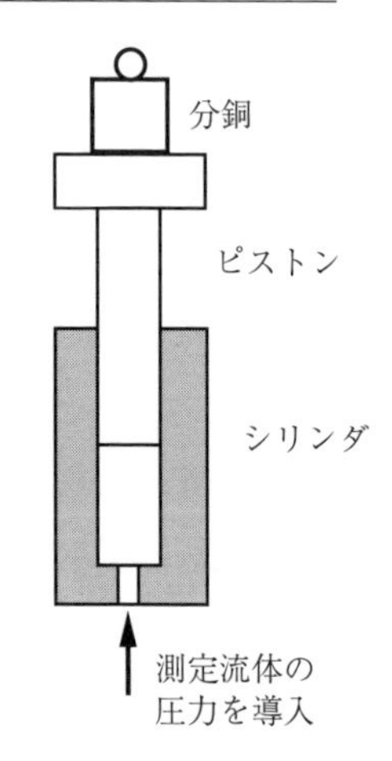

図 1.3　ピストン圧力計

1.3　測 定 の 方 法

測定を実施する方法はさまざまであるが，基本的には以下の六つに分類される測定系の構成と比較の方法のいずれかによっていると考えることができ，測定の目的に応じて，測定の精度，システム構築の費用，利便性などを判断して最適の方法が選択される。

1.3.1　零　　位　　法

零位法 (null method) は，測定量と独立に大きさを調整できる同種類の既知量を別に用意し，既知量を測定量と比較して差を検出し，差が 0 となるように差に応じて既知量を調節し，差が 0 となる既知量の大きさから測定量を求める方法である。ただし，測定量と既知量を直接比較するのではなく，それぞれから導かれる量を比較する場合もある。調節の都度，再比較のため既知量は測定量とともに差検出手段に入力されるので，ここに差検出段から既知量調節段を経て既知量出力段から再び差検出段に戻る**フィードバックループ** (feedback loop) ができている。このフィードバックループの存在が零位法の特徴である。

天秤(びん)(balance) は，零位法により質量を測る代表的な測定器である。**図 1.4**

に示すように，二つの皿が中央を支えられた長さ $2l$ の棹（さお）の両端につるされ，左の皿に質量 M の測定したい物体を載せ，右の皿には既知の質量 M_s の分銅を載せる。重力加速度を g とすると，棹には逆方向の力のモーメント Mgl，M_sgl が働く。分銅の質量 M_s を調節して棹を水平にすることができれば，$M = M_s$ として物体の未知質量 M の値を測定することができる。天秤の場合，測定量と既知量（分銅）をそれぞれに対応する力のモーメントに変換して比較している。モーメントの差の検出は，棹の傾きを測定者が見て行い，分銅の調整は測定者の手により分銅を皿に載せたり皿から取り除いたりして行っている（**図 1.5**）。

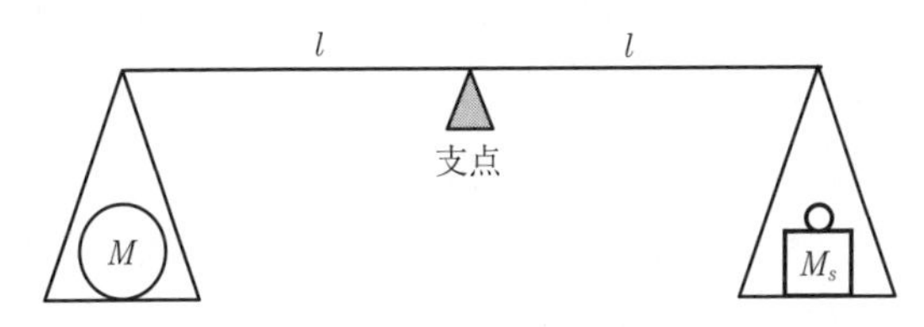

図 1.4　零位法による天秤

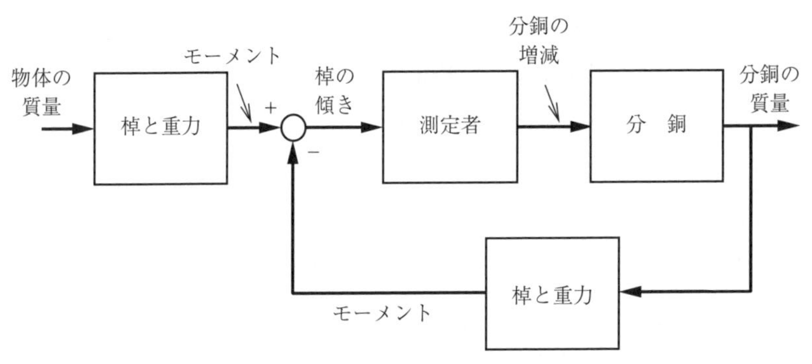

図 1.5　フィードバックループを持つ天秤の測定系

その他の零位法の例として，**電位差計** (potentiometer) では，滑り抵抗器の接点位置を調整することにより測定範囲内にある任意の標準電位差を作り出し，それを測定量である電位差と平衡させ，滑り抵抗器の接点位置から測定電位差を求めるようになっている。**マイクロメータ** (micrometer) では，ねじの回転によって，測定面の間に任意の間隔を作り出せるようになっていて，それを測定しようとする長さまたは厚みに等しく調整し，そのときのねじの回転角から測定値を求める。

1.3.2 偏　　位　　法

偏位法 (deflection method) は，測定量を原因とし，その直接の結果として生じる測定系の状態変化の指示から測定量を知る方法である。したがって，測定量は変換され信号として伝送されて指示に至るが，信号が測定系のある段階で測定量あるいはその変換量にフィードバックされることはない。

ばね秤(ばかり) (spring balance) は偏位法によっている。ばねの一端を固定し，他端に荷重を加えると，フックの法則により荷重に比例してばねの伸び縮みが生じ，荷重の大きさがばねの変位として指示される。したがって，指示の正しさは，ばね定数の安定性に依存する。ばね秤は重力下で物体の質量の測定に用いられる。その他の偏位法の例として，**ダイヤルゲージ** (dial gauge) は，棒状の測定スピンドルの変位（測定量）が基になり，歯車で拡大された変位が直接指針の振れとして指示される。また，可動コイル指示電流計では，可動コイルを流れる測定量の電流が基になって電磁力が生じ，可動コイル自身の回転による連結指針の振れにより測定電流量が指示される。

1.3.3 置　　換　　法

置換法 (substitution method) は，未知量と既知量とを置換して 2 回の測定結果から測定量を知る方法である。正確な基準と比較し，測定器自身の不正に基づく誤差を除くことができる。天秤の例では，**図 1.6** に示すように，初めに右の皿に未知量 M を載せ，分銅 M_1 と平衡させる。つぎに左右を置換して，左の皿に未知量 M を載せ，右の皿の分銅 M_2 と平衡させる。棹の左右の腕の長さを l_L，l_R とすると，$Ml_R = M_1 l_L$，$Ml_L = M_2 l_R$ から $M^2 = M_1 M_2$ として，左右の腕の長さ l_L，l_R に影響されずに測定値を得ることができる（ガウスの二重秤量法）。天秤の腕の長さが等しくないという装置固有の誤差が除かれる。

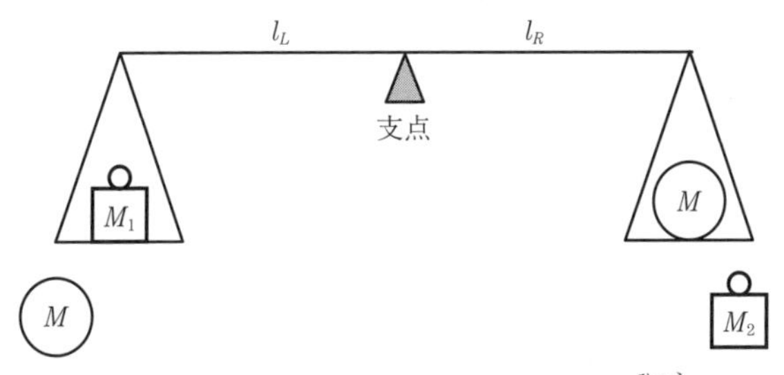

図 1.6 置換法による天秤の測定系（ガウスの二重秤(ひょう)量法）

1.3.4 合 致 法

合致法 (coincidence method) は，目盛り線，周期，推定量などの合致を観測し，測定量と基準として用いる量との間に一定の関係が成り立ったことを知り，測定する方法である。周期現象が多く利用される。**ノギス** (vernier caliper) における**副尺** (vernier) を用いた長さの測定，光の干渉縞の観測によるブロックゲージの長さの測定などがこれにあたる。**図 1.7** にノギスの測長原理を示す。ノギスは平行に配置した本尺（固定部）と副尺（移動部）とからなり，副尺を本尺に対して滑らせて移動し，両尺の 0 目盛間の長さを測定するものである。本尺の 1 目盛の $1/n$ を読み取るために，副尺は本尺の $(n-1)$ 目盛分の長さを n 等分した長さを 1 目盛とする。したがって，副尺 n 目盛の長さは本尺の n 目盛より 1 目盛短い。図に示すように，本尺の目盛と合致する副尺の目盛が m 番目であるとすると，副尺の 0 目盛は本尺の左の最近接目盛から m/n 目盛ずれるから，両尺の 0 目盛間の長さは，本尺の最近接目盛に m/n を加えたものとなる。図示の例は $n = 20$ の場合で，ノギスの長さ測定値の表示は 5.40 mm を示

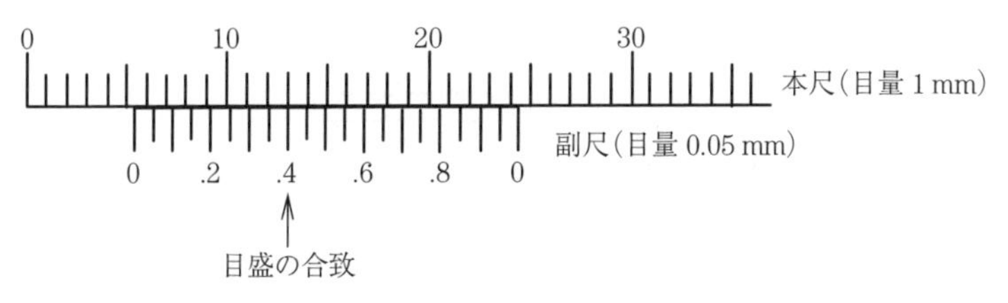

図 1.7 ノギスにおける主尺と副尺の目盛の合致による測長

している。

図 1.8 は**二光束干渉計** (two-beam interferometer) を用いた**ブロックゲージ** (gauge block) の長さ測定系の概略を示したものである。レーザ光源から導かれた単一波長の平行光は，半透鏡で反射光と透過光に二分割される。反射光は参照鏡に進み，ここで再反射されて半透鏡を透過し，二光束干渉観測系に至る。一方，前記透過光は，ブロックゲージと，同ゲージと同じ材質および同じ表面状態を有し同ゲージの下に密着して置かれたベースプレートに入射する。ゲージとベースプレートそれぞれの反射光は，半透鏡において反射され，前記参照鏡の反射成分とともに二光束干渉観測系に入射する。このとき，参照鏡の法線が光軸に対してわずかに傾けてあると，ブロックゲージおよびベースプレートそれぞれの反射光と参照鏡の反射光との間の二光束干渉の結果，同じ縞(しま)間隔の二つの干渉縞が観測される。**図 1.9** はブロックゲージの像上とベースプレートの像上に生じる二つの干渉縞の概略図を示している。

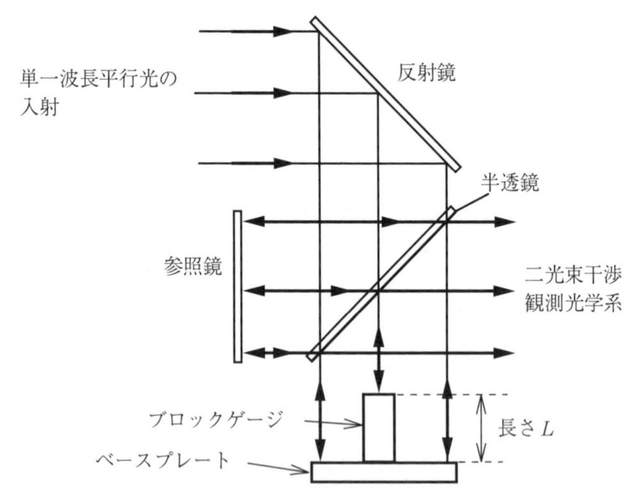

図 1.8　二光束干渉計によるブロックゲージ長の測定

太い黒線は 1/2 波長の整数倍の光路差で生じる輝度の極大点を示している。またブロックゲージの端面とベースプレート表面の間の段差による光路差により，二つの干渉縞にずれが生じている。したがって，干渉縞の間隔を p，干渉

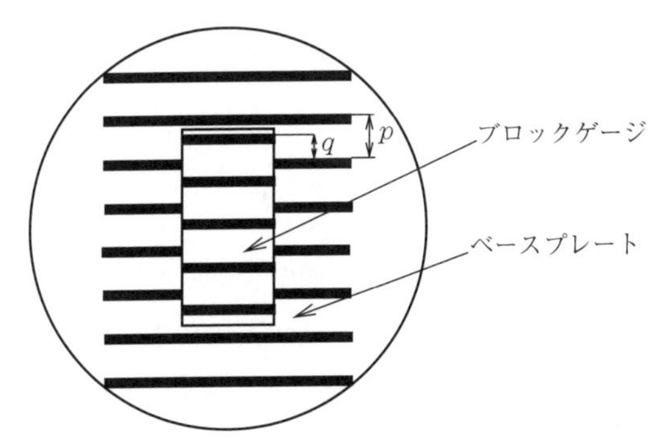

図 **1.9**　二光束光波干渉による縞画像

縞の段差 L によるずれを q，ずれ比率 ε を q/p，レーザの波長を λ とすると，ブロックゲージの測定長 L は，整数値 N を用いて次式により表される。

$$L = \frac{1}{2}(N + \varepsilon)\lambda \tag{1.1}$$

波長 λ は既知で，ずれ比率 ε は観測により求めることができる。しかし，整数値 N は未知であるから，測定長 L を求めるためには，式 (1.1) を満たす整数値 N の決定法を用意する必要がある。

ブロックゲージの呼び寸法 L_0 は次式で表すことができる。N_0 と ε_0 は計算で求められる。

$$L_0 = \frac{1}{2}(N_0 + \varepsilon_0)\lambda \tag{1.2}$$

測定長 L と呼び寸法 L_0 の差 $\varDelta L$ は，次式により与えられる。

$$\varDelta L = \frac{1}{2}(N' + \varepsilon')\lambda \tag{1.3}$$

ただし，$N' = N - N_0$，$\varepsilon' = \varepsilon - \varepsilon_0$ である。ここでつねに $\varepsilon \geqq \varepsilon_0$ ($\varepsilon' \geqq 0$) となるように，ε と N' の値を 1 ずつ増減して調整することは可能である。測定長 L は呼び寸法 L_0 から大きくずれることはないから，$\varDelta L$ の値は小さく，したがって N' の値も小さな整数と考えてよい。そこでいくつかの異なる波長 λ_1，λ_2，$\cdots$，λ_n について ε' の値を測定し，N' に 0，±1，±2，$\cdots$ の値を順次代入することにより，式 (1.3) よりすべての波長について合致する $\varDelta L$ の値を与

える整数 N' の組み合わせを見出すことができる。異なる波長の個数 n としては，通常 2 ～ 4 でよい。

1.3.5 補　　償　　法

補償法 (compensation method) は，測定量からそれにほぼ等しい既知量を引き去り，その差を測って測定量を求める方法である。化学天秤や微量天秤に見られる方法で，測定量である物体の質量から，基準として用いる量である分銅の質量を差し引き，その差を指針の触れで測る。また，時計の歩度の測定では，時計を反時計回りに基準の正確な速さで回転させ，秒針の指す向きがゆっくりと空間でしだいに向きを変える速さを測定することによって，1 分 1 回転の秒針の歩度が基準との差から精度よく求められる。**ヘテロダイン法** (heterodyne method) も補償法の一つで，測定周波数と正確な基準周波数との差の周波数を測定することによって，周波数を高精度に測定する方法である。

1.3.6 差　　動　　法

差動法 (differential method) は，同種類の量の作用の差を利用する測定方法である。例としては，明るさを比較するために二つの光電池を直列につなぎ，それらの差の光電流を取り出す方法，二つの熱電対を直列につなぎ，温度差に比例する熱起電力を取り出す方法，二つの二次コイルを直列につなぎ，それらの差の誘導起電力を取り出す**差動変圧器** (differential transformer) (図 **1.10**) がある。この方法は，測定量以外の量に基づく望ましくない影響を相殺するための有効な手段となることが多い。**電気マイクロメータ** (electric micrometer) は，差動変圧器を用いて長さの違いを可動鉄心の変位に置き換え，差動出力として長さを電気量に変換するもので，高精度の自動測長に有用な測定器である。

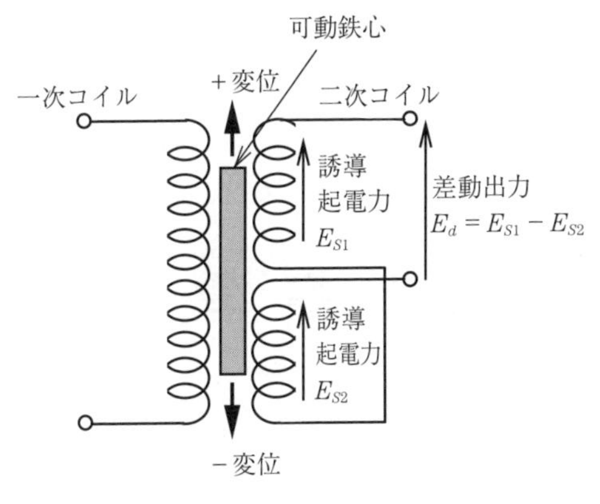

図 1.10　差動変圧器

章　末　問　題

【1】 フィードバックループを特徴とする零位法による測定には，つぎの利点がある。①測定に必要なエネルギーは，測定対象からとらずフィードバックループから供給されるので，測定対象への影響が小さく正確な測定ができる。②測定量（またはその変換量）と比較既知量（またはその変換量）のフィードバック量との差が増幅され比較既知量の調整が行われるため，調整の平衡状態では，測定量と比較既知量（測定器指示量）の関係は外乱の影響を受けず一定に保たれ，正確な測定が行われる。これらの利点が直示天秤[2)†]においてどのような仕組みで実現されているか確認せよ。

【2】 偏位法の長所と短所について述べよ。

【3】 合致法の事例として図 1.7 に示したノギスによる測定において，測定値の読取り誤差範囲について考察せよ。

† 肩付き数字は巻末の引用・参考文献番号を表す。

2 単位と標準

計測は，科学技術の領域は元より，日常の生活の隅(すみ)々において行われている。社会活動が秩序を保ち正常に営まれるためには，あらゆる計測において，信頼性，精度および計測相互間の整合性が求められる。このため定義が明確な国際的な**測定標準**（測定の基準，measurement standard）の確立と，計測現場で使用される**標準器**（測定標準を表すもの，standard）または計測器に対して，より高位の測定標準によって順次**校正**（標準との差異，関係を明らかにすること，calibration）が行われ，それらが**国家標準** (national standard)，さらに**国際標準** (international standard) につながる経路が確立されていること（トレーサビリティ，traceability）が重要である。以下，これらにかかわる基本的な概念について順次述べる。

2.1 測　定　量

現象，物体または物質の持つ属性で，定性的に区別でき，かつ定量的に決定できるものを**量** (quantity) という。このとき，その量は一定の**次元** (dimension) を持つという。測定の対象となる量，**測定量** (measurand) には，**物理量** (physical quantity)，**工業量** (industrial quantity)，また心理的量として**心理物理量** (psychophysical quantity) がある。

「物理量」は，「物理学における一定の理論体系の下で次元が確定し，定められた単位の倍数として表すことができる量」(JIS Z 8103) をいい，特にたがいに独立な異なる次元を持つ量として採用された一組の量を**基本量** (base quantity)

という。基本量を乗除算の関係により組み合わせて定義される物理量を**組立量** (derived quantity) という。

「工業量」は，生産技術の立場から，複数の物理的性質に関係する量で，測定方法によって定義される工業的に有用な量をいう。硬さ，表面粗さなどである。

「心理物理量」は，特定の条件の下で，感覚と一対一に対応して心理的に意味があり，かつ物理的に測定できる量をいう。光度，照度，色の三刺激値，音の大きさなどがある。

2.2 測 定 標 準

測定標準 (measurement standard) は，測定に普遍性を与えるために決められた，基準として用いる量の大きさを表す方法またはものであり，法律に基づく公的標準の場合，計量標準と称される。定義方法により以下の三種類の標準がある。

2.2.1 現象を特徴づける数値による定義

現象を特徴づける数値あるいは物理法則により定義されるもので，標準の実現方法は特に定めないものである。2.3 節で述べる国際単位系の基本単位である長さ（メートル），時間（秒），電流（アンペア），温度（ケルビン）などは，これにあたる。これらの多くは，量子力学的に明らかにされた物質の性質を利用する量子標準で，いわば自然の物差しといえる基礎物理定数（**表 2.1**）により記述できる。

表 2.1　おもな基礎物理定数

量	記号	数　値	単位	相対標準不確かさ
真空中の光速度	c, c_0	299 792 458	$m \cdot s^{-1}$	(定義値)
プランク定数	h	$6.626\ 070\ 15 \times 10^{-34}$	J・s	(定義値)
電気素量	e	$1.602\ 176\ 634 \times 10^{-19}$	C	(定義値)
磁束量子 $h/(2e)$	Φ_0	$2.067\ 833\ 848 \times 10^{-15}$	Wb	(定義値)
電子の質量	m_e	$9.109\ 383\ 701\ 5(28) \times 10^{-31}$	kg	3.0×10^{-10}
微細構造定数	α	$7.297\ 352\ 569\ 3(11) \times 10^{-3}$		1.5×10^{-10}
リュードベリ定数	R_∞	10 973 731.568 160(21)	m^{-1}	1.9×10^{-12}
アボガドロ定数	N_A, L	$6.022\ 140\ 76 \times 10^{23}$	mol^{-1}	(定義値)

(注)　科学技術データ委員会(CODATA)の 2018 年 CODATA 推奨値からの抜粋。「数値」の(　)内は，下二桁の標準不確かさを示す(標準不確かさについては 6.2 節を参照)。

2.2.2　計測器による定義

対象の物理量を目盛として計測器に表示したものである。測定量をこれと比較することにより読み取ることができる。直示天秤，直示電気計器などがある。

2.2.3　標準試料による定義

多くの要因により影響を受けやすく，明確な物理的定義が困難な場合に採る定義方法で，**標準試料** (standard sample)（**標準物質** (reference material) ともいう）によるものである。粘度の標準液，硬さの標準片，放射能の標準線源，分析用標準試料などで，工業上重要なものである。

2.3　国 際 単 位 系

単位は，量を測定するために基準として用いる一定の大きさの量であり，単位系は，特定の一組の基本量の単位（**基本単位** (base unit)）と，それらの組み合わせである組立量の単位（**組立単位** (derived unit)）の体系である。**国際単位系**（International System of Units（英），Systéme International d'Unités

(仏), SI) の制定にあたって検討された基本単位の要件は，独立な次元を持ち再現性があり，実用的で伝達性に優れていること，および測定が精密に行えることである。今日の国際単位系は，これまで10数度にわたって4年ごとに日本を含むメートル条約加盟国政府代表者の参加により開催された**国際度量衡総会** (Conférence Générale des Poids et Mesures, CGPM) での採択と勧告に基づいている。国際単位系の名称とその略称 **SI** は，1960年の第11回国際度量衡総会で決定された。2018年の第26回総会では七つの基本単位の一つである質量の定義が，キログラム原器という人工物による定義から，ほかの六つの基本単位と同様に，プランク定数という基礎物理定数を使用した定義に変更となり，国際単位系の新時代が到来した。

2.3.1 SI の 構 成

SIの構成は，七つの基本単位（**表 2.2**），補助単位として，数学的には無次元量である平面角と立体角の単位（**表 2.3**），および組立単位（**表 2.4**）からなる。また，使いやすい実用的単位系を提供するという国際単位系の目標に沿って，いくつかの組立単位に固有の名称（**表 2.5**）が採用され，SI単位の10の整数乗倍を表す一連の接頭語が設けられている（**表 2.6**）。組立単位は，基本単位の名称と組立単位の固有の名称（表 2.5）を用いて，等価ないくつかの形式で表現することができる。同じ次元を持ついくつかの量が同一のSI組立単位に対応する場合，それらの区別を容易にするために単位の特定の組み合わせや固有の名称を用いることが許される（**表 2.7**）。

SI単位は，基本単位を基にして，数値係数のない乗除算の関係でたがいに結びつけられている。したがって，乗除算以外の演算により定義される量（例えばデシベル）やSI単位から導出されない量（例えば硬さの単位）はSI単位に含まれない。学術・技術論文や公文書にはSI単位を用いる必要があるが，ほかにも一般によく用いられている単位がある。CGPM下の実務機関である**国際度量衡委員会** (Comité Internationale des Poids et Mesures, CIPM) は，SI単位以外にSIと併用する単位を**表 2.8** のように示している（ここでは一部を

表 **2.2**　基本単位

物理量	単位の名称	単位記号	定　義
時　間	秒	s	秒は時間のSI単位であり，セシウム周波数$\Delta\nu_{Cs}$，すなわち，セシウム133原子の摂動を受けない基底状態の超微細構造遷移周波数を単位Hz（ヘルツ：s^{-1}に等しい）で表したときに，その数値を9 192 631 770と定めることによって定義される。
長　さ	メートル	m	メートルは長さのSI単位であり，真空中の光の速さcを単位ms^{-1}で表したときに，その数値を299 792 458と定めることによって定義される。ここで，秒は$\Delta\nu_{Cs}$によって定義される。
質　量	キログラム	kg	キログラムは質量のSI単位であり，プランク定数hを単位Js（ジュール秒：$kg\,m^2s^{-1}$に等しい）で表したときに，その数値を$6.626\,070\,15\times10^{-34}$と定めることによって定義される。ここで，メートルおよび秒は，それぞれcおよび$\Delta\nu_{Cs}$に関連して定義される。
電　流	アンペア	A	アンペアは電流のSI単位であり，電気素量eを単位C（クーロン：A sに等しい）で表したときに，その数値を$1.602\,176\,634\times10^{-19}$と定めることによって定義される。ここで，秒は$\Delta\nu_{Cs}$によって定義される。
熱力学温度	ケルビン	K	ケルビンは熱力学温度のSI単位であり，ボルツマン定数kを単位JK^{-1}（ジュール毎ケルビン：$kg\,m^2s^{-2}K^{-1}$に等しい）で表したときに，その数値を$1.380\,649\times10^{-23}$と定めることによって定義される。ここで，キログラム，メートル，秒はそれぞれh，c，$\Delta\nu_{Cs}$に関連して定義される。
物質量	モル	mol	モルは物質量のSI単位であり，1モルには，厳密に$6.022\,140\,76\times10^{23}$の要素粒子*)が含まれる。この数は，アボガドロ定数N_Aを単位mol^{-1}で表したときの数値であり，アボガドロ数と呼ばれる。
光　度	カンデラ	cd	カンデラは所定の方向における光度のSI単位であり，周波数540×10^{12} Hzの単色放射の視感効果度K_{cd}を単位$lm\,W^{-1}$（ルーメン毎ワット：$cd\,sr\,W^{-1}$あるいは$cd\,sr\,kg^{-1}m^{-2}s^3$に等しい）で表したときに，その数値を683と定めることによって定義される。ここで，キログラム，メートル，秒はそれぞれ，h，c，$\Delta\nu_{Cs}$に関連して定義される。srは表2.3参照。

*）要素粒子とは，原子，分子，イオン，電子，その他の粒子。

表 2.3　補助単位

量	単位の名称	単位記号	定　義
平面角	ラジアン	rad	ラジアンは，円の周上でその半径の長さに等しい長さの弧を切り取る２本の半径の間に含まれる平面角。
立体角	ステラジアン	sr	ステラジアンは，球の中心を頂点とし，その球の半径を一辺とする正方形の面積と等しい面積をその球の表面上で切り取る立体角。

表 2.4　基本単位から出発して表される組立単位の例

量	単位の名称	単位記号
面　積	平方メートル	m^2
体　積	立方メートル	m^3
速　さ	メートル毎秒	m / s
加速度	メートル毎秒毎秒	m / s^2
波　数	毎メートル	m^{-1}
密　度	キログラム毎立方メートル	kg / m^3
電流密度	アンペア毎平方メートル	A / m^2
磁界の強さ	アンペア毎メートル	A / m
(物質量の)濃度	モル毎立方メートル	mol / m^3
比体積	立方メートル毎キログラム	m^3 / kg
輝　度	カンデラ毎平方メートル	cd / m^2

表 2.5　固有の名称を持つ組立単位の例

量	単位の名称	単位記号	基本単位もしくは補助単位による組立て方，または他の組立単位による組立て方
周波数	ヘルツ	Hz	$1\ Hz = 1\ s^{-1}$
力	ニュートン	N	$1\ N = 1\ kg \cdot m / s^2$
圧力，応力	パスカル	Pa	$1\ Pa = 1\ N / m^2$
エネルギー，仕事，熱量	ジュール	J	$1\ J = 1\ N \cdot m$
仕事率，工率，動力，電力	ワット	W	$1\ W = 1\ J / s$
電荷，電気量	クーロン	C	$1\ C = 1\ A \cdot s$
電位，電位差，電圧，起電力	ボルト	V	$1\ V = 1\ J / C$
静電容量，キャパシタンス	ファラド	F	$1\ F = 1\ C / V$
(電気)抵抗	オーム	Ω	$1\Omega = 1\ V / A$
(電気の)コンダクタンス	ジーメンス	S	$1\ S = 1\ \Omega^{-1}$
磁　束	ウェーバ	Wb	$1\ Wb = 1\ V \cdot s$
磁束密度，磁気誘導	テスラ	T	$1\ T = 1\ Wb / m^2$
インダクタンス	ヘンリー	H	$1\ H = 1\ Wb / A$
セルシウス温度	セルシウス度または度	℃	熱力学温度 T と T_0 の差 $T - T_0$ に等しい。$T_0 = 273.15\ K$
光　束	ルーメン	lm	$1\ lm = 1\ cd \cdot sr$
照　度	ルクス	lx	$1\ lx = 1\ lm / m^2$

表 2.6　単位の 10 の整数乗倍の接頭語

名称	記号	大きさ	名称	記号	大きさ
ヨタ	Y	10^{24}	デシ	d	10^{-1}
ゼタ	Z	10^{21}	センチ	c	10^{-2}
エクサ	E	10^{18}	ミリ	m	10^{-3}
ペタ	P	10^{15}	マイクロ	μ	10^{-6}
テラ	T	10^{12}	ナノ	n	10^{-9}
ギガ	G	10^{9}	ピコ	p	10^{-12}
メガ	M	10^{6}	フェムト	f	10^{-15}
キロ	k	10^{3}	アト	a	10^{-18}
ヘクト	h	10^{2}	ゼプト	z	10^{-21}
デカ	da	10	ヨクト	y	10^{-24}

表 2.7　固有の名称を用いて表現される SI 組立単位の例

量	SI 単位		
	名　称	記号	SI 基本単位による表現
粘　度	パスカル秒	Pa・s	$m^{-1}\cdot kg\cdot s^{-1}$
力のモーメント	ニュートンメートル	N·m	$m^{2}\cdot kg\cdot s^{-2}$
表面張力	ニュートン毎メートル	N / m	$kg\cdot s^{-2}$
熱流密度，放射照度	ワット毎平方メートル	W / m^{2}	$kg\cdot s^{-3}$
熱容量，エントロピー	ジュール毎ケルビン	J / K	$m^{2}\cdot kg\cdot s^{-2}\cdot K^{-1}$
比熱，質量エントロピー	ジュール毎キログラム毎ケルビン	J / (kg・K)	$m^{2}\cdot s^{-2}\cdot K^{-1}$
質量エネルギー	ジュール毎キログラム	J / kg	$m^{2}\cdot s^{-2}$
熱伝導率	ワット毎メートル毎ケルビン	W / (m・K)	$m\cdot kg\cdot s^{-3}\cdot K^{-1}$
体積エネルギー	ジュール毎立方メートル	J / m^{3}	$m^{-1}\cdot kg\cdot s^{-2}$
電界の強さ	ボルト毎メートル	V / m	$m\cdot kg\cdot s^{-3}\cdot A^{-1}$
体積電荷	クーロン毎立方メートル	C / m^{3}	$m^{-3}\cdot s\cdot A$
電気変位	クーロン毎平方メートル	C / m^{2}	$m^{-2}\cdot s\cdot A$
誘電率	ファラド毎メートル	F / m	$m^{-3}\cdot kg^{-1}\cdot s^{4}\cdot A^{2}$
透磁率	ヘンリー毎メートル	H / m	$m\cdot kg\cdot s^{-2}\cdot A^{-2}$

表 2.8 SI と併用する単位の例

名称	記号	SI 単位との関係
分	min	1 min = 60 s
時	h	1 h = 60 min = 3 600 s
日	d	24 h = 86 400 s
度	°	$1° = (\pi / 180)$ rad
分	′	$1' = (1 / 60)° = (\pi / 10\,800)$ rad
秒	″	$1'' = (1 / 60)' = (\pi / 648\,000)$ rad
リットル	L, l	$1\ \mathrm{L} = 1\ \mathrm{l} = 1\ \mathrm{dm}^3 = 10^3\ \mathrm{cm}^3 = 10^{-3}\ \mathrm{m}^3$
トン	t	$1\ \mathrm{t} = 10^3\ \mathrm{kg}$
電子ボルト	eV	$1\ \mathrm{eV} = 1.602\,176\,634 \times 10^{-19}\ \mathrm{J}$

掲示)。

2.3.2 SI 単位の表記と使用に関する規則

単位記号の表記に関する一般原則は，1948 年の第 9 回国際度量衡総会において以下のように定められた。

- 単位記号はローマン体（立体）で印刷する。
- 単位記号は複数の場合も形を変えない。
- 単位記号にはピリオドをつけない。

さらに CIPM と協力関係にある**国際標準化機構**（International Organization for standardization，ISO）の国際規格では，単位記号の使用形式について以下のように勧告している。

- 2 個以上の単位の積はつぎの形式のうちのいずれかで表すことができる。

  例： $\mathrm{N \cdot m}$ または $\mathrm{N\,m}$
- 組立単位が一つの単位を他の単位で除して作られる場合は，斜線または負の指数を用いることができる。

  例： $\mathrm{m/s}$ または $\mathrm{m \cdot s^{-1}}$
- 不明確さを避けるために同じ行の中で斜線の使用は 1 回のみとする。複雑な場合には負の指数か括弧を用いる。

  例： $\mathrm{m \cdot kg / (s^3 \cdot A)}$ または $\mathrm{m \cdot kg \cdot s^{-3} \cdot A^{-1}}$

2.4 標 準 の 供 給

2.4.1 標準器と標準物質

計量標準を明示して一般に供給することは，通常，国家機関において行われる。わが国では，計量法に基づいて経済産業大臣がその任に当たることになっていて，実際の業務は独立行政法人 産業技術総合研究所（計量標準総合センター）が行っている。国家標準機関において実現され維持されている基本単位および主要な組立単位は，各種の方法と経路によって必要とする所へ伝達され，その場所で維持されている。SI の基本単位は定義のみであるので，計量標準を実現する伝達手段が必要であり，その手段として用いられる器物を一般に**標準器** (standard) と呼ぶ。計測器の一種であるものと，特定の標準量を示すものとがある。いずれも計量標準を維持し，場所的に移送し，つぎの段階の計測器または標準器に伝達するものである。**表 2.9** におもな標準器を示す。長さの標準は，光速と時間（単位：秒）の定義から，光の波長により実現している。また SI における電気の基本量は電流（単位：アンペア）であるが，実現性の条件から，電流標準の代わりに，オームの法則に基づいて，量子標準として実現可能な電圧

表 2.9　おもな標準器

標準器種別	長さ，角度	質量，力，圧力	電　気
特定標準器 [産業技術総合研究所，指定校正機関]	よう素安定化 He-Ne レーザ，ロータリエンコーダ自己校正装置	標準分銅群，力標準機，トルク標準機，光波干渉式標準圧力計	ジョセフソン効果電圧標準装置，量子化ホール抵抗測定装置，キャパシタンス測定装置，交流抵抗測定装置，誘導分圧器校正装置，交直差測定装置，電力電力量校正装置
特定二次標準器・常用参照標準 [登録校正事業者]	よう素安定化 He-Ne レーザ，ブロックゲージ，標準尺，基準スケール，ダイヤルゲージ，ロータリエンコーダ	標準分銅，質量計，力基準機，力計，トルクメータ，トルクレンチ，トルク試験機，ピストン式重錘型圧力標準器，重錘形圧力天びん，液柱形圧力計，ディジタル圧力計，機械式圧力計	電圧発生装置，標準抵抗器，標準キャパシタ，交流抵抗器，誘導分圧器，電力変換器，電力測定装置，電力量測定装置

標準と抵抗標準を採用している。標準器には，**国家標準** (national standard) として**特定標準器**，登録校正事業者において校正サービスに使用される標準器として特定標準器等により校正された校正事業者の保有する**特定二次標準器**，および校正事業者の保有する最上位の標準器で，特定二次標準器に連鎖して校正された**常用参照標準**がある。

一方, 近年, 複雑な機器や大規模な計測システムを用いて計測を行う場合が増えている。そこで機器の移送によらず, 分析用標準試料などの**標準物質** (reference material) の移送による標準伝達が重視されるようになった。

標準器および標準物質は，再現性，長期安定性など特性上の要件を満たすことに加えて，適正な取り扱いと管理が要求される。適当な周期で再校正を行い，必要に応じて修理，調整，更新を行わねばならない。法律に基づいて管理される標準器（特に基準器と呼ばれる）の場合には，その特性上の要件および有効期間（再校正周期）が器種ごとに定められている。3 年周期の器種が多い。企業などで自主的に管理を行う場合においても，必要精度，経済性を考慮して標準器の器種を選び，その器種と管理方法に合わせて再校正周期を定めることが重要である。標準器の校正や取り扱いについて規則を成文化し，実施記録を整備し保存することが推奨される。

2.4.2　トレーサビリティ

測定現場から, 標準器または計測器が次々と**校正** (calibration) され, 国家標準に正しく結びつけられていることを校正の連鎖（**トレーサビリティ** (traceability of calibration)）という。トレーサビリティの考え方は，米国において 1960 年代初め，宇宙開発が急速に進められたときに，その必要性が強く認識され，標準供給の体系化として推進されたものである。アメリカ合衆国の国立標準技術研究所（National Institute of Standards and Technology, NIST, 前身機関は国立標準局 (National Bureau of Standards, NBS)）が国家標準を持ち，機関研究所，機関標準室，校正サービス事業者等で標準供給体制が構成されている。わが国においても，1960 年代後半から同様な体制の整備が推進されてきた。

現在，国家標準の維持と供給は，独立行政法人産業技術総合研究所（計量標準総合センター）で行われている。なお，時刻の標準（標準時）は独立行政法人情報通信研究機構から供給されている。トレーサビリティの形態を図式的に表現すると**図 2.1** のようになる。**図 2.2** に，長さの基準となるブロックゲージにおけるトレーサビリティの例を示す。

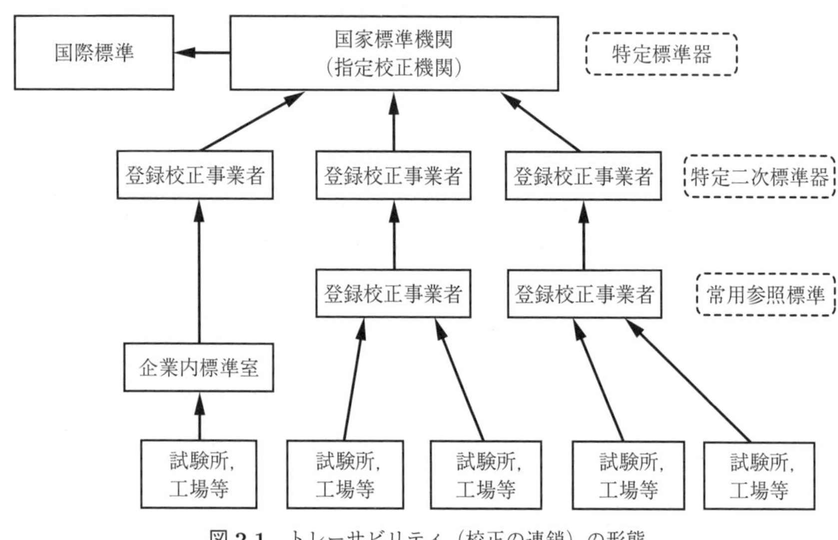

図 **2.1**　トレーサビリティ（校正の連鎖）の形態

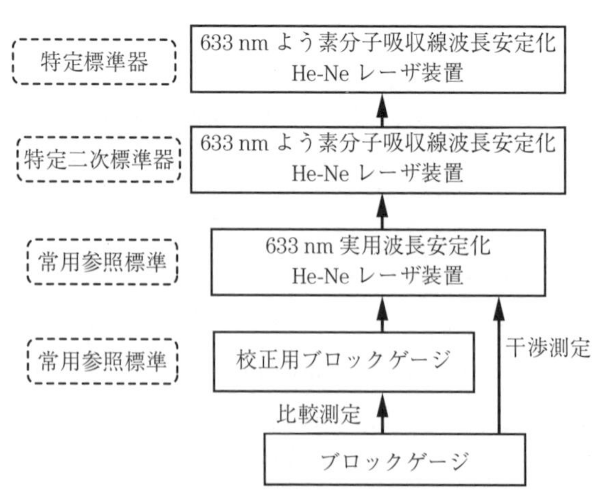

図 **2.2**　ブロックゲージにおけるトレーサビリティの例

トレーサビリティの確立のためには，分野と取り扱う測定量によらず，つぎに挙げる事項を実施する必要がある。

① 現場計測器を組織的に管理するため，事業体内に独立性を持った標準室を設ける。

② 必要な精度を持った標準器および標準物質を標準室に備え，定期的に現場計測器の校正，検査および保守を行う。

③ 標準室における最高精度の標準器に対して，国家標準へつながる経路と精度が明らかな上位の標準に基づく校正を定期的に行う。

④ ①～③の手続きを文書化し，実施記録を整理，保存して，管理状況を随時確認できるようにする。

③を実施するためには校正サービス網の整備が必要であるが，そのために1993（平成5）年11月に改正された計量法により計量法校正事業者登録制度（Japan Calibration Service System，JCSS）が導入された。

章末問題

【1】 次元と単位の違いを説明せよ。

【2】 ばね定数の単位を組立単位として示せ。

【3】 電磁誘導の法則を利用して，磁束の組立単位 Wb の基本単位による組立て方を示せ。

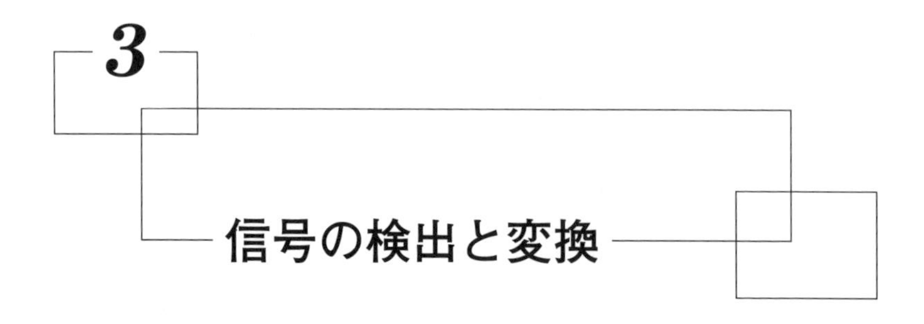

3 信号の検出と変換

測定量を信号に変換する検出器（センサ）では，測定量と測定条件に応じて，特定の物理現象を利用したさまざまな検出法が採用されている。また，入力信号を処理しやすい信号に変換する変換器（トランスデューサ）においても同様で，測定に適した信号変換法が開発され，特に，自動計測においては最終的に電気信号に変換される。本章では，メカトロニクス分野の測定機器において信号の検出と変換に用いられている主要な方法について述べる。

3.1　力学の利用

3.1.1　サイズモ系

図 3.1 に示すような，おもりがばねとダンパで枠構造に接続された構成はサイズモ系と呼ばれ，測定対象の**変位** (displacement) と**加速度** (acceleration) を測るのに用いることができる。

図において，おもりの質量を m，ばねのばね定数を k，ダンパの粘性減衰係数を c とし，静止状態からの測定対象の変位を x_1，おもりの変位を x_2 とすると，この系の運動方程式は

$$m\frac{d^2x_2}{dt^2} + c\,\frac{d(x_2 - x_1)}{dt} + k(x_2 - x_1) = 0 \qquad (3.1)$$

となる。ここで，t は時間である。測定対象が角振動数 ω で正弦波振動しており，系が定常状態に達していると考えると，おもりも同じ角振動数で正弦波振動するので

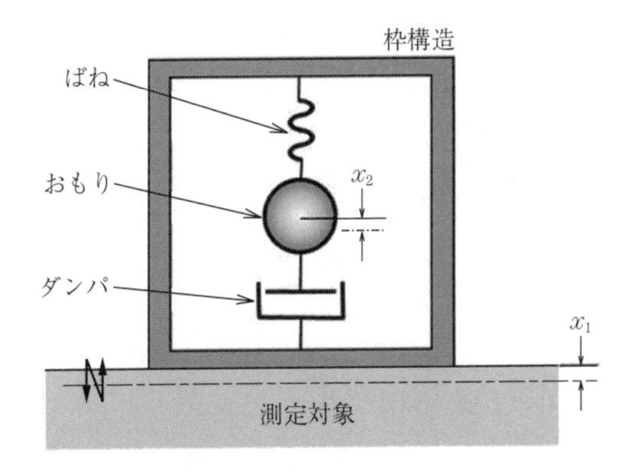

図 3.1　サイズモ系の構成

$$\left.\begin{aligned} x_1(t) &= K_1 \exp(j\omega t) \\ x_2(t) &= K_2 \exp(j\omega t + \theta) \end{aligned}\right\} \tag{3.2}$$

と表すことができる。ここで，K_1 と K_2 は x_1 と x_2 の振幅を表す定数であり，θ は x_1 と x_2 の間の位相差である。また，j は虚数単位で，$j^2 = -1$ である。

$$\zeta = \frac{c}{2\sqrt{mk}} \tag{3.3}$$

$$\omega_n = \sqrt{\frac{k}{m}} \tag{3.4}$$

とすると

$$\frac{x_2}{x_1} = \frac{1 + j\{2\zeta(\omega/\omega_n)\}}{1 - (\omega/\omega_n)^2 + j\{2\zeta(\omega/\omega_n)\}} \tag{3.5}$$

となる。式 (3.3) と式 (3.4) で定義した ζ と ω_n は，それぞれ減衰比と固有角振動数である。式 (3.5) から

$$\frac{x_2 - x_1}{x_1} = \frac{(\omega/\omega_n)^2}{1 - (\omega/\omega_n)^2 + j\{2\zeta(\omega/\omega_n)\}} \tag{3.6}$$

が得られ，振幅比を求めるために式 (3.6) の絶対値をとると

$$\left|\frac{x_2 - x_1}{x_1}\right| = \frac{(\omega/\omega_n)^2}{\sqrt{\{1 - (\omega/\omega_n)^2\}^2 + \{2\zeta(\omega/\omega_n)\}^2}} \tag{3.7}$$

となる。測定対象の角振動数が固有角振動数に比べて十分大きいとき $(\omega \gg \omega_n)$，式 (3.7) が示す振幅比は 1 に近い値をとることがわかり，このことはおもりの枠構造に対する相対変位である $(x_2 - x_1)$ を測定することで，測定対象の変位 x_1 が得られることを示している。

一方，加速度 α_1 が

$$\alpha_1 = \frac{d^2 x_1}{dt^2} = -\omega^2 x_1 \tag{3.8}$$

であることを考慮すると，式 (3.6) より

$$\frac{x_2 - x_1}{(-1/\omega^2) \cdot \alpha_1} = \frac{(\omega/\omega_n)^2}{1 - (\omega/\omega_n)^2 + j\,\{2\zeta(\omega/\omega_n)\}} \tag{3.9}$$

となり

$$\frac{x_2 - x_1}{\alpha_1} = \frac{-(1/\omega_n)^2}{1 - (\omega/\omega_n)^2 + j2\zeta(\omega/\omega_n)} \tag{3.10}$$

$$\left|\frac{x_2 - x_1}{\alpha_1}\right| = \frac{(1/\omega_n)^2}{\sqrt{\{1 - (\omega/\omega_n)^2\}^2 + \{2\zeta(\omega/\omega_n)\}^2}} \tag{3.11}$$

が得られる。この場合は，測定対象の角振動数が固有角振動数に比べて十分小さいとき $(\omega \ll \omega_n)$，式 (3.11) が与える振幅比は $1/\omega_n^2$ に近い値をとる。したがって，おもりの枠構造に対する相対変位 $x_2 - x_1$ を測定することで，測定対象の加速度 α_1 の計測が可能となる。

3.1.2 コリオリカ

回転座標系で移動する物体は，移動方向と垂直な方向に，移動速度に比例した大きさの**慣性力** (inertia force) を受ける。この慣性力を**コリオリカ** (Coriolis force) と呼ぶ。コリオリカを利用して**角速度計** (gyroscope) が開発されている。**図 3.2** は，物体の運動方向，印加角速度方向および発生するコリオリカの方向の関係を表す。コリオリカ $\boldsymbol{F}_c$ は，角速度ベクトル $\boldsymbol{\omega}$（図で鉛直上向き）と速度ベクトル $\boldsymbol{v}$ のベクトル積を用いて

$$\boldsymbol{F}_c = -2m\boldsymbol{\omega} \times \boldsymbol{v} \tag{3.12}$$

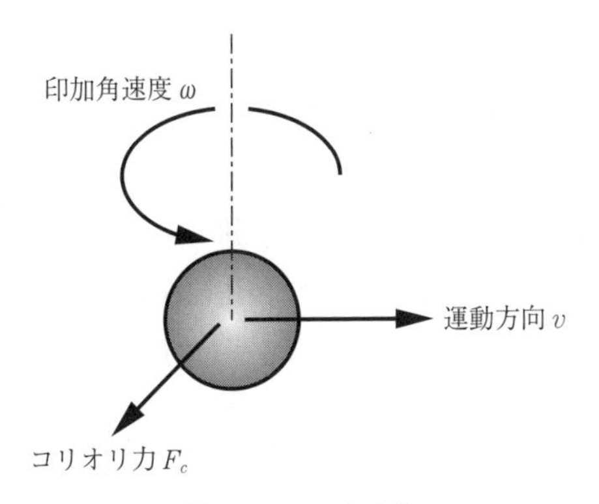

図 3.2 コリオリ力

で与えられる。ここで，m は物体の質量である。コリオリ力を検出することによって角速度を測定することができる。

3.1.3 フックの法則

材料に弾性限界以下の力を加えると，その材料の伸びは力に比例する。この関係を**フックの法則** (Hooke's law) と呼ぶ。加える力を F とすると，発生する**応力** (stress) σ は

$$\sigma = \frac{F}{A} \tag{3.13}$$

である。ここで，A は材料の断面積である。**伸びひずみ** (strain) ε は，材料の長さを l，長さの変化すなわち伸びを Δl として

$$\varepsilon = \frac{\Delta l}{l} \tag{3.14}$$

で定義されるので，伸びひずみと応力（この場合，**張力** (tension) ともいう）の比例関係を示すフックの法則は

$$\sigma = E\varepsilon \tag{3.15}$$

と表される。ここで，E は**ヤング率** (Young's modulus) と呼ばれる材料固有の定数で，伸びひずみを測定することによって測定対象に加えられた応力（張力）を求めることができる。

3.1.4 ベルヌーイの定理

ベルヌーイの定理 (Bernoulli's theorem) は，粘性を無視できる非圧縮性流体の**圧力** (pressure) と**流速** (flow velocity) が満たす法則を与えるものであり，圧力差の測定から流速などを求めることに利用することができる。

図 3.3 のような流路に流体を流す場合，非圧縮性流体では，**連続の式** (equation of continuity) より，流路の任意の断面を単位時間に通過する流体の量は流路の位置によらず一定である。したがって，流路内の断面 a における断面積，流速をそれぞれ A_1，v_1，断面 c における断面積，流速をそれぞれ A_2，v_2 とすると，微小時間 dt に両断面を通過する流体の体積 dV は次式により与えられる。

$$dV = A_1 v_1 dt = A_1 ds_1 \tag{3.16}$$

$$dV = A_2 v_2 dt = A_2 ds_2 \tag{3.17}$$

ここで，ds_1 と ds_2 は，それぞれ断面 a と断面 c にあった液体が，dt の間に移動する距離である。

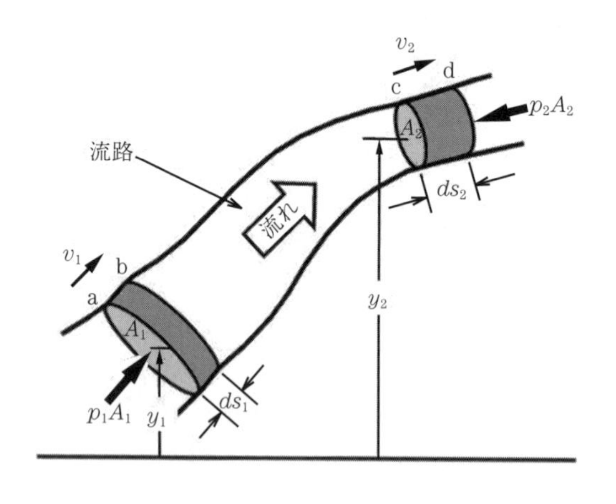

図 3.3　ベルヌーイの定理

断面 a と c に囲まれた範囲に含まれる流体は，時間 dt の後には断面 b と d に囲まれた部分に移動する。この間に液体に対してなされた仕事 dW を考える。断面 a における圧力を p_1，断面 c における圧力を p_2 とすると，液体の移動の

間になされた仕事 dW は，圧力の方向を考慮して

$$dW = p_1 A_1 ds_1 - p_2 A_2 ds_2 = (p_1 - p_2) dV \tag{3.18}$$

で与えられる。

時間 dt 内の液体の移動によって，最初，断面 a と断面 c に囲まれた領域に含まれていた液体の運動エネルギーと位置エネルギーも変化する。運動エネルギーの変化 dK は，$A_2 ds_2$ に含まれる液体の運動エネルギーと $A_1 ds_1$ に含まれていた液体の運動エネルギーの差で与えられるので

$$dK = \frac{1}{2} \rho \, dV \left(v_2^2 - v_1^2 \right) \tag{3.19}$$

と表すことができる。ここで，ρ は液体の密度である。同様に，位置エネルギーの変化 dU も $A_2 ds_2$ と $A_1 ds_1$ に含まれる液体の位置エネルギーの差を求めることによって得られ

$$dU = \rho \, dV g \, (y_2 - y_1) \tag{3.20}$$

となる。ここで，y_1 と y_2 は，それぞれ $A_1 ds_1$ と $A_2 ds_2$ に含まれる液体の基準面からの高さで，g は重力加速度である。

エネルギー保存則から，仕事 dW は，運動エネルギーの変化 dK と位置エネルギーの変化 dU の和に等しいので

$$(p_1 - p_2) dV = \frac{1}{2} \rho \, dV \left(v_2^2 - v_1^2 \right) + \rho \, dV g \, (y_2 - y_1) \tag{3.21}$$

となる。さらに，dV は 0 でない値をとるから，つぎの関係が得られる。

$$p_1 + \rho g y_1 + \frac{1}{2} \rho v_1^2 = p_2 + \rho g y_2 + \frac{1}{2} \rho v_2^2 \tag{3.22}$$

この式は，任意の箇所における圧力 p，位置 y，速度 v に関して

$$p + \rho g y + \frac{1}{2} \rho v^2 = 一定 \tag{3.23}$$

が成り立つことを示している。これが定常流に対するベルヌーイの定理である。

3.1.5 カルマン渦（うず）

流れの中に円柱や角柱を置くと，柱状物体の両側にはく離せん断層が生じ，たがいに干渉し合って回転方向の異なる孤立渦を一つずつ交互に放出する（**図 3.4**）。この渦は，カルマン渦または**カルマン渦列**（Karman vortex street）と呼ばれ，柱状物体の大きさ，流体の密度，粘性および流速により決まる周波数で現れるので，渦の発生周波数を測定することにより流速を求めることができる。

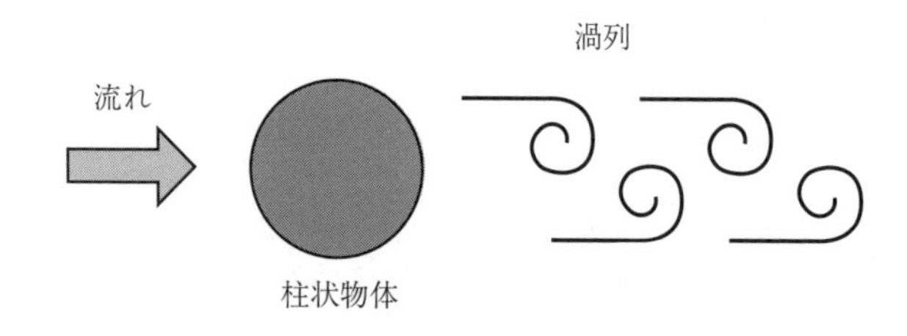

図 3.4　カルマン渦

カルマン渦の周波数 f は，柱状物体の上流側から見た大きさを D，流速を U とすると

$$St = \frac{fD}{U} \tag{3.24}$$

の関係を満たす。St は**ストローハル数**（Strouhal number）で，流体の粘性力の影響の度合いを示す**レイノルズ数**（Reynolds number）が一定の範囲にあるときに一定値をとるため，流速 U に比例した周波数 f のカルマン渦が発生することになる。レイノルズ数が小さい場合は，両側に対称な双子渦ができ，大きい場合は乱流となる。カルマン渦の周波数を測定するには，柱状物体表面の圧力変化を測定するか，後流中の速度変化を測定すればよい。

3.2 光学，音響学の利用

3.2.1 量子型光電変換

固体中の電気伝導は，最外殻電子のエネルギー状態で決まる。固体の最外殻電子がとることができるエネルギー状態は，幅を持った帯状の構造となる。この帯状のエネルギー構造を，**エネルギーバンド構造** (energy band structure) と呼ぶ。**図 3.5** に半導体のエネルギーバンド構造を示す。

図 (a) は不純物を添加していない**真性半導体** (intrinsic semiconductor) のエネルギーバンド構造を示す図である。図のように，最外殻電子は**価電子帯** (valence band) と**伝導帯** (conduction band) の領域のエネルギー状態をとることができるが，**バンドギャップ** (band gap) と示した部分のエネルギー状態に安定に存在することはできない。真性半導体では，価電子帯のエネルギー準

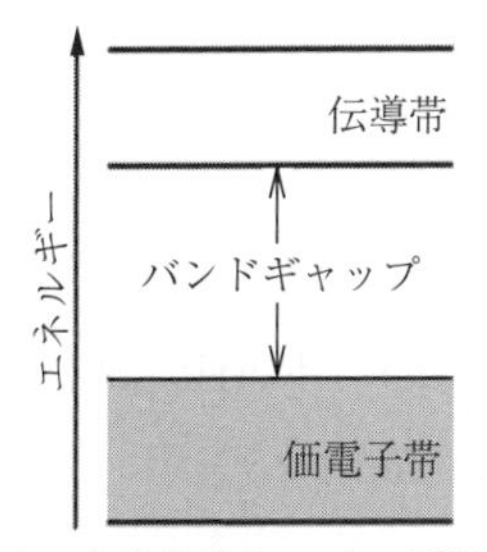

(a) 真性半導体のバンド構造

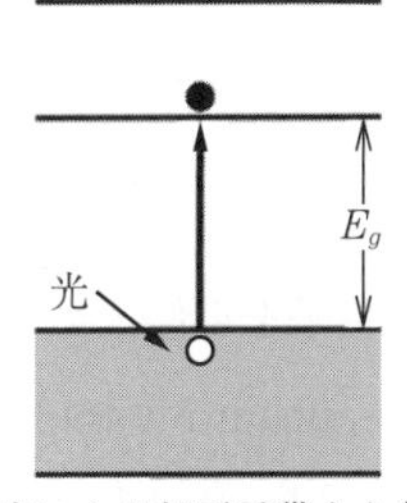

(b) 光による価電子帯から伝導帯への電子の励起過程

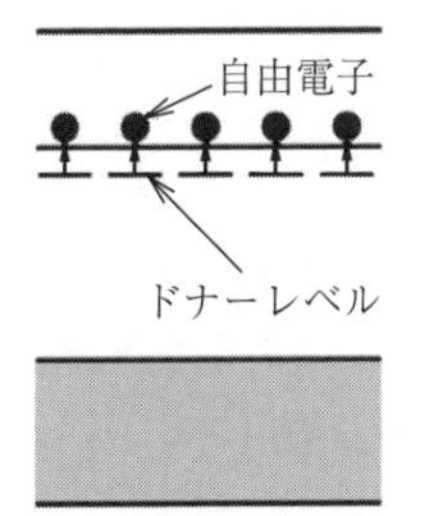

(c) n 型半導体のバンド構造

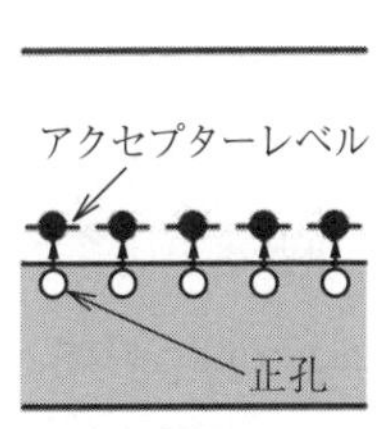

(d) p 型半導体のバンド構造

図 3.5 半導体のエネルギーバンド構造

位はほとんど電子で満たされた状態にあり，伝導帯のエネルギー準位はほとんど空の状態になっている。この状態では**キャリヤ**（carrier，動ける電荷）がほとんど存在しないが，図 (b) のように，半導体が光を吸収すると，価電子帯の電子が伝導帯に励起され，キャリヤが生成される。伝導帯では励起された電子が，価電子帯では電子の励起によってできた正の電荷を持つ粒子とみなせる**正孔** (hole) が，それぞれキャリヤとして半導体の中を自由に動くことができる。こうした自由電子と正孔を利用して，光を抵抗変化や起電力に変換することができる。ここで，半導体に吸収される光はエネルギーの基礎量 $h\nu$（h はプランク定数，ν は光の振動数）を有する**光子**（**光量子**（フォトン：photon））の集まりであり，図 (b) から明らかなように，光子が半導体に吸収され，その結果，価電子帯の電子が伝導帯に励起されるためには，光（光子）のエネルギー $h\nu$ がバンドギャップエネルギー E_g より大きいという条件が満たされる必要がある。このことを考慮すると，半導体で検出できる光の最大波長として**カットオフ波長** (cutoff wavelength) λ_c は

$$\lambda_c = \frac{hc}{E_g} \tag{3.25}$$

で与えられる。ここで，c は光速である。このような，光のエネルギーの基礎量 $h\nu$，すなわち量子を単位とする**光電変換** (photoelectric conversion) は，**量子型光電変換** (quantum photoelectric conversion) と呼ばれる。

半導体の重要な特徴は，図 (a) のように，価電子帯がほぼ満杯で，伝導帯がほぼ空っぽのエネルギーバンド構造をとることと，わずかに添加した不純物によって電気的な特性が大きく変わることである。例えば，代表的な半導体材料であるシリコンに，周期律表 V 族に属するリンやヒ素を添加すると，図 (c) に示すように伝導帯近くに**ドナーレベル** (donor level) ができ，ドナーレベルから伝導帯に電子が供給されて伝導に寄与する。このような半導体を **n 型半導体** (n-type semiconductor) と呼ぶ。一方，周期律表 III 族のホウ素を添加すると，図 (d) に示すように価電子帯近くに**アクセプターレベル** (acceptor level) ができ，価電子帯の電子がアクセプターレベルに励起され，価電子帯には添加した

アクセプターの濃度とほぼ等しい密度の正孔が発生して伝導に寄与する。このような半導体を **p 型半導体** (p-type semiconductor) と呼ぶ。n 型と p 型の半導体は，つぎに説明する**ダイオード** (diode) を構成する要素となる。

図 3.6 に代表的な量子型光電変換半導体素子であるフォトダイオードの構造と動作を示す。図 (a) に示すように，フォトダイオードは，n 型半導体と p 型半導体を接合した構造を有しており，接合位置付近には**空乏層** (depletion layer) と呼ばれるキャリアがほとんど存在しない領域が形成される。図 (b) は，図 (a) に示すフォトダイオードのエネルギーバンド構造を示す図である。図 (b) のように，n 型領域と p 型領域では伝導帯と価電子帯の端のエネルギーレベルが異なっており，空乏層内にはこのエネルギーレベル差に相当する内部電圧が発生している。図 (a)，(b) に示すように，半導体内で光が吸収されて電子–正孔対が生成されると，生成された電子と正孔は，この内部電界により分離して**起電力** (electromotive force) を発生する。これがフォトダイオードの光検出メカニ

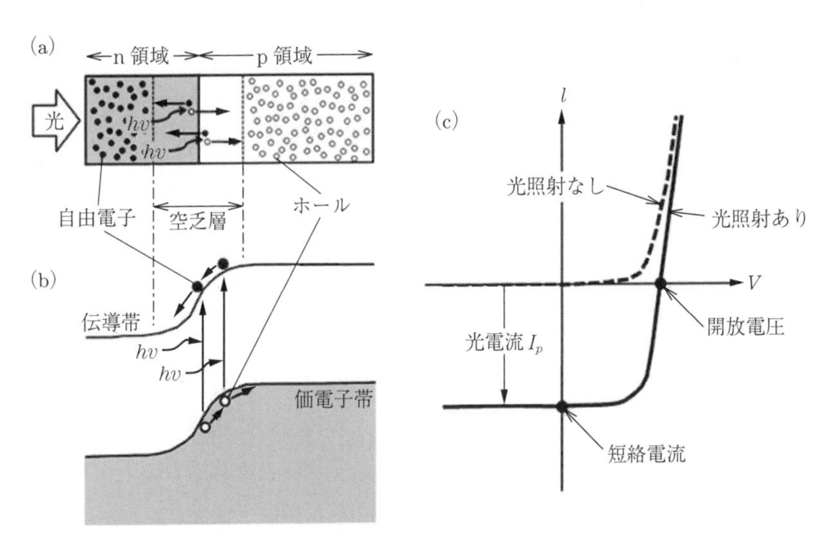

(a)　フォトダイオードの構造と空乏層中での電子–正孔対生成
(b)　(a) に示すフォトダイオードのエネルギーバンド図
(c)　フォトダイオードの電流–電圧特性

図 3.6　フォトダイオードの構造と動作

ズムである。図 (c) に，フォトダイオードの電流–電圧特性を示す。フォトダイオードの電流 I は，両端に印加する電圧 V に対して

$$I = I_s \left\{ \exp\left(\frac{eV}{kT}\right) - 1 \right\} - I_p \tag{3.26}$$

で与えられる。ここで，I_p は光電流，I_s はダイオードの**逆方向飽和電流** (reverse bias saturation current)，e は電子の電荷，k は**ボルツマン定数** (Boltzmann constant)，T は**絶対温度** (absolute temperature) である。式 (3.26) で明らかなように，光を照射したときのフォトダイオードの電流–電圧特性は，光を照射していないときの電流–電圧特性を電流軸方向に $-I_p$ だけ平行移動したものになっている。I_p は光の強度にほぼ比例した形で変化するので，**短絡電流** (short circuit current) は光強度に比例し，**開放電圧** (open circuit voltage) は光強度に対して近似的に対数関数の形で変化する。

3.2.2 熱型光電変換

光の検出は，光エネルギーを熱エネルギーに変換することによっても実現できる。この種の光検出器は，**熱型光検出器** (thermal photodetector) と呼ばれ，おもに赤外線領域の光検出に利用されている。熱型光検出器は，前項で述べた量子型の光検出器に比べて感度と応答性に劣るが，光子のエネルギーの小さな赤外線を検出するものでも冷却して動作させる必要がなく，室温動作が可能なことが特長である。

図 3.7 に熱型光検出器の動作を説明する模式的な構造図を示す。光を検出する部分は，赤外線吸収層と温度センサからなり，**ヒートシンク** (heat sink) である基板から高い**熱抵抗** (thermal resistance) を持った支持構造で支えられている。赤外線吸収層が入射光を吸収し，熱エネルギーに変換されると，検出器構造部分の温度が変化する。この温度変化を温度センサで測定することで，光–電気変換が行われる。

こうした熱型の光検出器の感度について考える。時間的に変化しない一定の光入射を行った場合，検出器部分と基板の間の温度差が一定の値となる。この

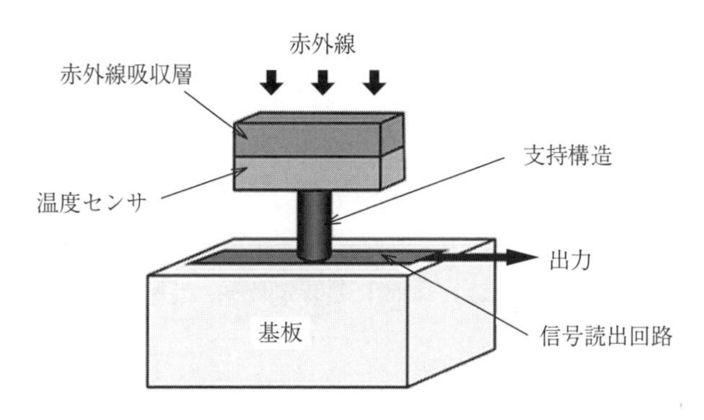

図 **3.7**　熱型光検出器の構造

状態においては，赤外線吸収層が吸収する光パワー（単位時間当り吸収される光エネルギー）P_{IN} は，検出器部分から基板など周囲に流れる単位時間当りの熱損失量 P_{LOSS} に等しい。熱損失は，検出器部を支持している構造体を通した熱伝導と，大気を通した熱伝導を含む。検出器部からの熱放射や大気の対流による熱損失も存在するが，一般に熱伝導に比べて小さく無視することができる。熱損失量 P_{LOSS} は，検出器構造と周囲の温度差 ΔT と，熱抵抗の逆数の**熱コンダクタンス**（thermal conductance）G_T を用いて

$$P_{LOSS} = G_T \Delta T \tag{3.27}$$

で与えられる。定常状態では，これが P_{IN} に等しくなるので

$$\Delta T = \frac{P_{IN}}{G_T} \tag{3.28}$$

となる。一般に，熱型光検出器における温度差 ΔT はきわめて小さいので，温度センサの出力電圧 ΔV は温度差に比例していると考え，温度センサの感度 K を

$$K = \frac{\Delta V}{\Delta T} \tag{3.29}$$

で定義すると，熱型光検出器の感度 R は

$$R = \frac{\Delta V}{P_{IN}} = \frac{K}{G_T} \tag{3.30}$$

となる。この式は，熱型光検出器の感度が温度センサの感度だけでなく熱コンダ

クタンスにも依存しており，熱コンダクタンスを低減することが高感度化につながることを示している。高い感度を持った熱型光検出器では，真空封止することにより空気を通した熱損失を低減するとともに，**MEMS**（Micro Electro Mechanical Systems）**技術**を利用して熱コンダクタンスのきわめて小さい支持構造を実現している。

熱型光検出器の応答速度は，一般的に熱時定数 τ_T で決まり，検出器部分の熱容量を C_D とすると

$$\tau_T = \frac{C_D}{G_T} \tag{3.31}$$

となるので，熱容量一定の条件下では，感度と応答速度の間にはトレードオフ（対立）の関係がある。

3.2.3 干　　　　涉

干渉 (interference) は，二つの波が重なるとき，波と波がたがいに強め合ったり，打ち消し合ったりする現象である。干渉を利用した測定は，波動である音でも可能であるが，効果的な応用が進んでいるのは光を用いたものである。

干渉で強め合うのは，二つの波の “山” の位置が一致する場合であり，打ち消し合うのは “山” と “谷” が重なる場合である。例えば，波長が λ の光を一つの光源から発射し，二つの経路を経た光を任意の点で観測するとき，二つの経路の**光路差** (optical path difference) L が，半波長の偶数倍のとき強め合い，奇数倍のとき打ち消し合う。強め合う条件は，n を整数として

$$L = 2n\,\frac{\lambda}{2} \tag{3.32}$$

と表すことができ，打ち消し合うときの条件は

$$L = (2n+1)\,\frac{\lambda}{2} \tag{3.33}$$

となる。この干渉効果を利用して，光の波長以下の変位を測定することができる。以下に，干渉を利用した二つの測定技術の例を紹介する。

図 **3.8** (a) は，**マイケルソン干渉計** (Michelson interferometer) と呼ばれる

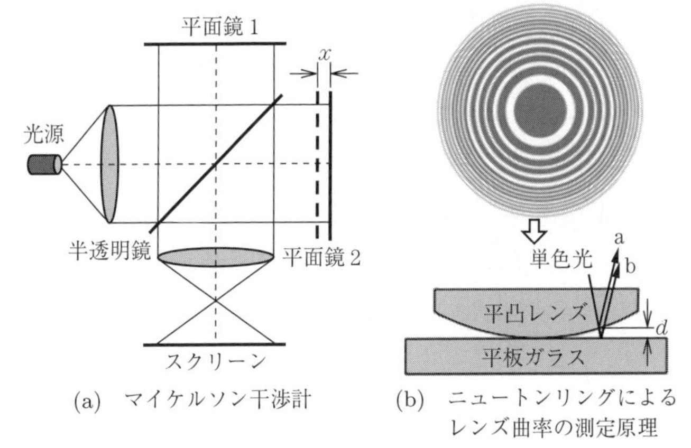

(a) マイケルソン干渉計　(b) ニュートンリングによるレンズ曲率の測定原理

図 3.8 光の干渉を利用した測定技術

装置の構成を示す図である。マイケルソン干渉計では，光源から発射された光は，光学系を通して平行光にされたのち，光軸と 45° の角度をなして設置された半透明鏡を通して二つの平面鏡（平面鏡 1 と平面鏡 2）に照射される。平面鏡で反射した光のうち平面鏡 1 で反射され，半透明鏡を透過した光と，平面鏡 2 で反射され，半透明鏡で再度反射された光が，光学系を通してスクリーン上に投影される。スクリーンに投影される光が通ってくる二つの光路に関し，光路差が，半波長の偶数倍であれば，スクリーン上の光強度は強くなり，半波長の奇数倍であれば弱くなる。スクリーンに代えて光検出器を用いれば，この光強度の変化を測定することができるので，例えば，平面鏡 1 が固定鏡で，平面鏡 2 が移動鏡である場合，平面鏡 2 の位置が変化すると，光路差が半波長変化するごとに光の強弱を観測することができ，変位を測定することができる。図のように平面鏡 2 の位置が x だけ変位すると，光路差としては $2x$ 変化する。上記の構成では，平面鏡 2 の移動方向を知ることができないが，1/4 波長離れた位置に二つの光検出器を置くことで移動方向も知ることができる。

図 3.8 (b) は，**ニュートンリング** (Newton's rings) の観測によるレンズの曲率半径の測定の原理を示す図である。図に示すように，平板ガラス上に平凸球面レンズを置き，真上から単色光を照射すると，同心円状の濃淡パターンを観

測することができる。この濃淡パターンは，レンズの凸面で反射した光（図にaで示した光）と，下に置いた平板ガラスの上面で反射した光（図にbで示した光）が干渉することにより生じるもので，二つの光の間にレンズと平板ガラスの隙間（すき）d の2倍の光路差が同心円状に生じるため，真上から見ると，図示したような同心円状の光の濃淡縞（ニュートンリング）が観測される。干渉の条件を考えるときには，平板ガラス上の反射で位相が180° 回転することを考慮する必要がある。

3.2.4 光　て　こ

光てこ (optical lever) は，光の直進性を利用して微小な角度変化や位置変化を大きな位置変化に増幅するメカニズムである。**図 3.9** に，光てこの動作原理を示す。光てこでは，光源から発射された光を反射鏡で反射させ，スクリーン上にできる反射ビーム像の照射位置から角度変化や位置変化を測定する。反射鏡は，回転や移動を検出したいものに接続されており，上端を固定点として回転できるようになっている。いま，反射鏡とスクリーンの距離を L，反射鏡の大きさを a とし，反射鏡の下端の微小変位量を Δx，これに相当する反射鏡の微小回転角を $\Delta\theta$ とすると

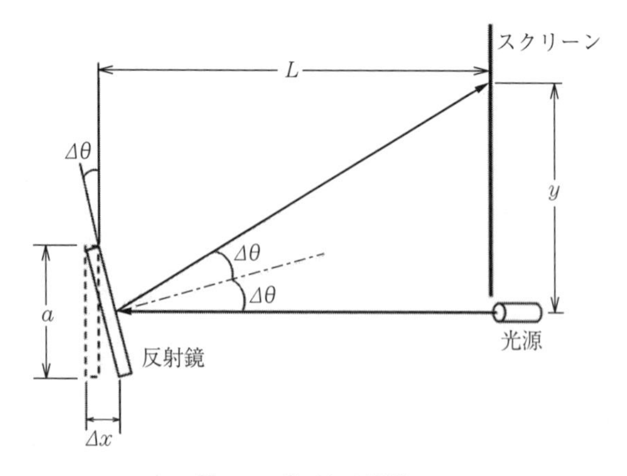

図 3.9　光てこの原理

$$\Delta\theta \fallingdotseq \frac{\Delta x}{a} \tag{3.34}$$

であり，入射光と反射光のなす角度は，図に示すように反射鏡の傾きの2倍の大きさになるので，微小回転 $\Delta\theta$ によるビーム照射位置の移動距離 y は

$$y = L\tan(2\Delta\theta) \fallingdotseq 2L\Delta\theta \tag{3.35}$$

で与えられ，y を微小変位 Δx で表すと

$$y \fallingdotseq \frac{2L\Delta x}{a} \tag{3.36}$$

となる。この式は，反射鏡のサイズ a に比べて反射鏡とスクリーンの距離 L を大きくすることで，微小変位 Δx を拡大して測定できることを示している。拡大率 G は

$$G = \frac{y}{\Delta x} = \frac{2L}{a} \tag{3.37}$$

である。例えば，反射鏡のサイズを10 mm，反射鏡とスクリーンの距離を50 cm とすると，変位を100倍に拡大することができ，ビーム位置の読取精度を0.1 mm とすれば，1 μm の変位を測定することができることになる。同じ条件では，角度としては，0.006° の回転を読み取ることができる。光てこでは，図の構成に固定鏡を付加することで，反射回数を増やし反射角の変化をさらに大きくして精度を向上させることもできる。

3.2.5　ドップラー効果

音波，光波および電波は，発生源と観測者との相対的な速度によって周波数が異なって観測される。この現象を**ドップラー効果** (Doppler effect) と呼び，速度の測定に利用されている。

図 3.10 は，音波のドップラー効果を説明する図である。図は，音源が左方向に水平に等速運動している場合の，ある瞬間の音波の山と谷の位置を表した図である。観測点 A は音源の進行方向に，観測点 B は音源の進行と逆の方向に位置する。音源は運動しながら音波を発しているため，図に示すように，進

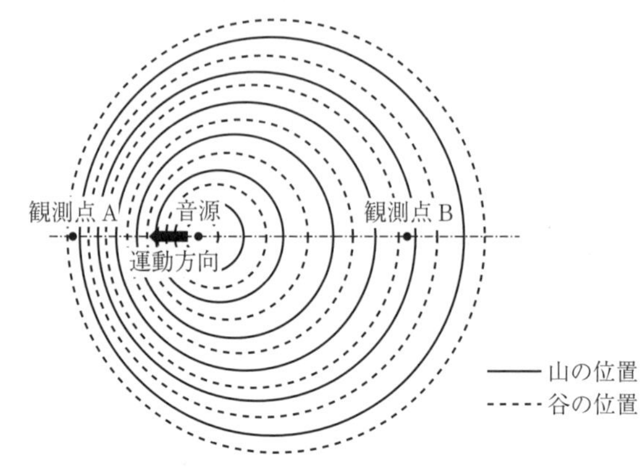

図 **3.10**　ドップラー効果による周波数変化

行方向前方では音波の山と山の間隔は狭くなり，後方ではこの間隔が広くなるので，観測者 A は音源が発した音波より高い音を観測し，観測者 B は低い音を観測する。周波数の変化量は音源と観測者の相対速度で決まるので，音源の周波数がわかっていれば相対速度を求めることができる。

光波と電波（総称して電磁波）の場合も，発生源と観測者が相対運動するとき，現象としては音波と同じような周波数シフトが起こる。しかし，電磁波の場合，電磁波が発生源や観測者の速度によらず光速で伝播（ぱ）するので，ドップラー効果の起こるメカニズムは，発生源や観測者が波を伝える媒質に対して速度を持つ音波の場合とは異なる。電磁波のドップラー効果を理解するためには，特殊相対論を考慮する必要がある。速度の測定には，音波より，電磁波によるドップラー効果を利用した装置が数多く開発されている。

3.2.6　画 像 の 利 用

イメージセンサ (image sensor) の低価格化が進み，画像を用いたセンシングは一般的な測定手段になってきた。画像を用いて，物体の形状，大きさ，距離，速度などいろいろな物理量の測定ができる。ここでは，イメージセンサを用いて空間的な光の分布情報を時系列の電気信号に変換する流れについて説明する。

図 **3.11** はイメージセンサを用いて，空間光情報を時系列の電気情報に変換する過程を説明する図である。撮像対象からの光は，光学系（レンズ）を用いてイメージセンサ上に到達する。イメージセンサは，多数の**画素** (pixel) から構成されている。画素は光を検出する単位であり，画素では入射した光量に従って電荷が生成する。各画素は撮像対象の微小な特定領域に対応しており，イメージセンサは画素の単位で空間情報を離散的にサンプリングしている。イメージセンサの各画素における光電変換で発生した電荷は，イメージセンサの電子的な走査機構により 1 画素ずつ時系列データとして読み出される。画素からの信号読出方式は，CCD 方式と CMOS 方式に大別される。

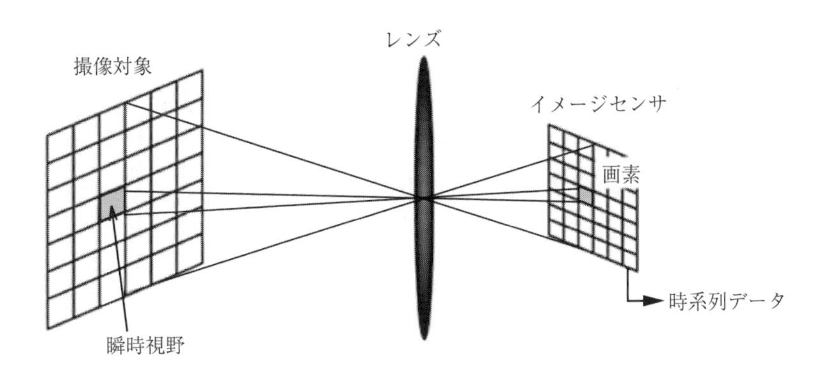

図 **3.11**　イメージセンサによる撮像

CCD 方式では，光電変換で得られた電荷を，画素ごとの電荷の塊（かたまり）として転送していき，イメージセンサ内に設けられた 1 個（または数個）の電荷–電圧変換増幅器を通して出力する。

一方，CMOS 方式では，画素ごとに電荷–電圧変換増幅器を設け，電圧に変換されたデータをスイッチング回路を通して順次読み出すようになっている。一般的に，CCD 方式の動作は**グローバルシャッタ** (global shutter) と呼ばれ，画面全体の電荷蓄積タイミングが同じであるのに対し，CMOS 方式の蓄積方式は**ローリングシャッタ** (rolling shutter) と呼ばれ，行ごとに電荷蓄積タイミングがずれていく。

3.2.7　光速，音速の利用

音波と電磁波の伝搬速度を利用して距離の測定を行うことができる。音波を使った例としては，イルカやコウモリといった生物の超音波センシングがよく知られている。電磁波を利用したシステムに関しては，自動車搭載レーダなど身近なものでも実用化が進んでいる。

レーダでは，距離を測定したい 2 点のうちの観測点に，音波や電磁波の発信器と受信機を置き，測定対象に向かってパルス信号を発射し，パルスを発射した時刻からの測定対象からの反射波が観測されるまでの時間 ΔT を測定することで

$$R = \frac{C\Delta T}{2} \tag{3.38}$$

により距離 R を測定している。ここで C は，音波または電磁波の速度である。電磁波（光または電波）の場合，空気中（または真空中）の速度は約 3×10^8 m/s である。音波の場合は，空気中で約 340 m/s である。

3.3　電気電子工学の利用

3.3.1　抵抗の温度依存性の利用

すべての導体の電気抵抗は温度依存性を有しており，導体の抵抗値を測ることで温度を測定することができる。この種の変換を行うセンサとしては，**金属抵抗体温度計** (metal resistance thermometer) や**半導体サーミスタ** (semiconductor thermistor) がある。

導体の電気抵抗は，伝導に寄与するキャリヤの密度とキャリヤの移動し易さを示す**移動度** (mobility) で決まる。金属中の自由電子の密度は温度により変化しないが，移動度を決める格子振動による**フォノン散乱** (phonon scattering) の効果は温度の上昇とともに大きくなるので，温度の上昇とともに金属の電気抵抗は上昇する。一般的に，常温付近における金属の電気抵抗 R は

$$R = R_0 \left\{1 + \gamma(T - T_0)\right\} \tag{3.39}$$

と表される。ここで，T は絶対温度，R_0 は温度 T_0 における抵抗値で，γ は定数である。

一方，半導体サーミスタの電気抵抗の温度依存性は，電気伝導に寄与するキャリヤ密度と移動度の温度依存性により決まる。キャリヤ密度と移動度のどちらの温度依存性が支配的になるかはサーミスタ材料により異なるが，どちらの温度依存性を持つサーミスタの特性も次式で与えられる。

$$R = R_0 \exp\left\{\beta\left(\frac{1}{T} - \frac{1}{T_0}\right)\right\} \tag{3.40}$$

ここで，β は定数である。

金属抵抗体温度計とサーミスタにおいては，温度 1 K 当りの抵抗変化割合が重要な性能指標であり，**抵抗温度係数** (temperature coefficient of resistance) と呼ばれる。抵抗温度係数 α は

$$\alpha = \frac{1}{R}\frac{dR}{dT} \tag{3.41}$$

で定義され，この定義に従うと，式 (3.39) で表される金属の抵抗温度係数 α_M は

$$\alpha_M = \frac{\gamma}{1 + \gamma(T - T_0)} \tag{3.42}$$

となり，式 (3.40) で表される半導体の抵抗温度係数 α_S は

$$\alpha_S = -\frac{\beta}{T^2} \tag{3.43}$$

で与えられる。一般的に，金属の抵抗温度係数は，半導体に比べて 1 桁程度小さい。

3.3.2 ピエゾ抵抗効果

図 3.12 に示すような円筒形状の抵抗体の電気抵抗 R は，**抵抗率** (resistivity) を ρ として

$$R = \rho\,\frac{l}{A} \tag{3.44}$$

と表すことができる。ここで，l と A は，それぞれ抵抗体の長さと断面積である。この抵抗体に力を加えると，抵抗体は，働く力の方向に応じて，図のよう

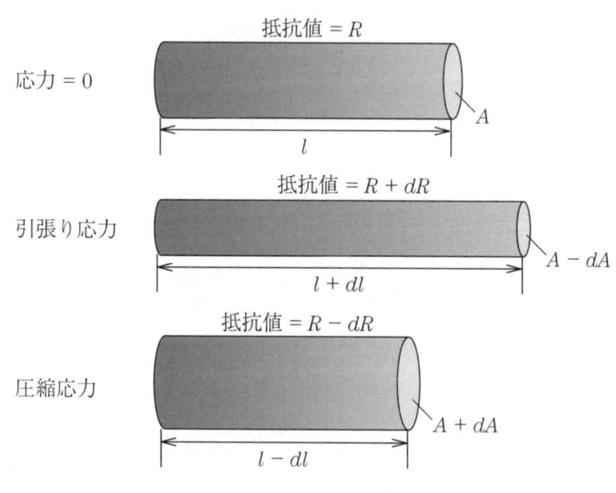

図 3.12　応力による抵抗体の形状変化

に変形する。変形した抵抗体の抵抗は，抵抗率の応力依存性と機械的形状変化に従って変化し，抵抗変化率は

$$\frac{dR}{R} = \frac{d\rho}{\rho} + \frac{dl}{l} - \frac{dA}{A} \tag{3.45}$$

で与えられる。$dA/A = 2dr/r$（r は抵抗体断面の半径）であり，**ポアソン比** (Poisson's ratio) ν が横ひずみと縦ひずみの比であることを考慮すると，式 (3.45) は

$$\frac{dR}{R} = \frac{d\rho}{\rho} + (1 + 2\nu)\varepsilon \tag{3.46}$$

と表すことができる。ここで ε は縦ひずみである。ひずみが小さいときは，抵抗変化率はひずみに比例すると考え，**ゲージ率** (gauge factor) K を

$$K = \frac{dR}{R}\bigg/\varepsilon \tag{3.47}$$

と定義し，ひずみを測定する**ひずみゲージ** (strain gauge) の性能指標として用いる。抵抗体が金属の場合は，抵抗率の応力依存性は無視することができ，ゲージ率 K は

$$K = 1 + 2\nu \tag{3.48}$$

となる。金属の ν は通常 0.5 以下なので，金属のゲージ率は 2 以下の値となる。

一方，抵抗体が半導体の場合は，エネルギーバンド構造を反映した**ピエゾ抵抗効果** (piezoresistance effect) を示し，抵抗率変化の効果（式 (3.46) の右辺第一項）が支配的となる。半導体のひずみ–抵抗変化は，エネルギーバンド構造，不純物濃度，結晶方位などに大きく依存するが，例えば，Si では 100 程度のゲージ率を得ることができる。

3.3.3　静電容量の利用

キャパシタは，誘電体を介して二つの電極を対向させた構造の電気部品である。その**静電容量** (electrostatic capacity) C は，電極面積 A と電極間距離 d の関数として

$$C = \frac{\varepsilon A}{d} \tag{3.49}$$

となる。ε は電極間の誘電体の**誘電率** (permittivity) である。一方の電極が移動できるようになっていれば，**図 3.13** に示すように，面積または電極間距離が変化し，電極の移動距離を静電容量の変化として検出可能である。静電容量の変化は交流ブリッジなどで検出可能であり，変位を電気量に変換する一つの手法として用いられている。

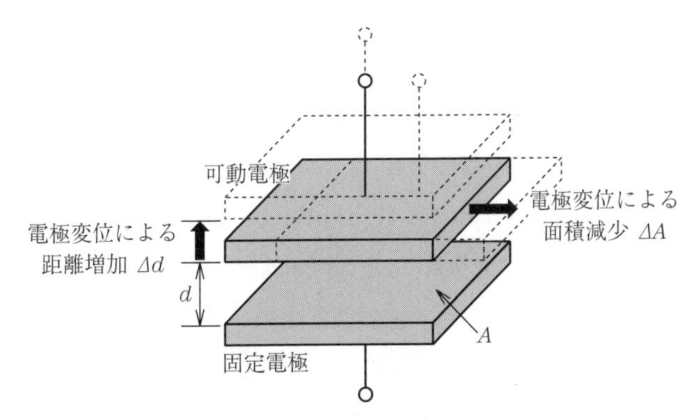

図 3.13　位置–静電容量変換の原理

3.3.4 圧　電　効　果

多くの誘電体分子は，全体として電気的中性を保っているものの，分子単体で見ると正電荷の重心と負電荷の重心がずれている。こうした分子の集合体に力を加え，微小なひずみを与えると，**図 3.14** に示すように，正電荷の重心と負電荷の重心の関係が元々の位置関係から変化するため，表面に電荷が現れる。この現象を**圧電効果** (piezoelectric effect) と呼ぶ。圧電効果を利用すると，キャパシター構造を利用して，変位を電圧に変換することができる。圧電効果は可逆性であり，圧電効果を持った誘電体に電圧を印加することで構造体の形状を変化させることができる。この現象を**逆圧電効果** (inverse piezoelectric effect) と呼び，計測システムにおいて音波を発生する場合などに利用されている。

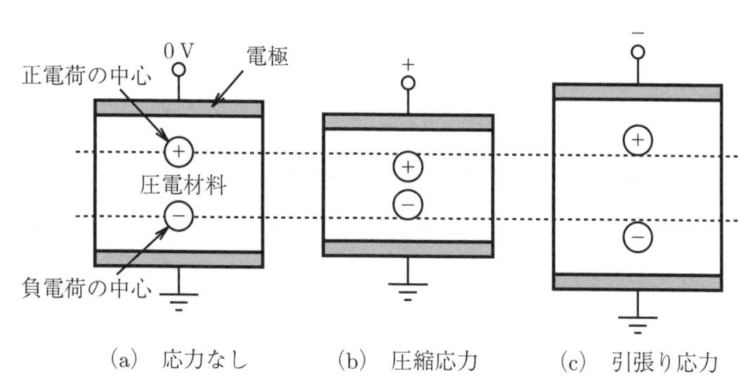

図 3.14　圧電効果による変位–電圧変換と電圧–変位変換

3.3.5 焦　電　効　果

温度変化により誘電体の**自発分極** (spontaneous polarization) が変化する現象を**焦電効果** (pyroelectric effect) と呼び，焦電効果を持った材料を**焦電体** (pyroelectrics) と呼ぶ。焦電効果は，熱型の赤外線センサなどに利用されている。

図 3.15 に，焦電効果を利用した赤外線検出のメカニズムを示す。図は，焦電体に入射する赤外線の量が矢印の数で表したように変化した場合の信号電流の時間変化を示したもので，焦電体を誘電体として用いたキャパシタ内の電荷変化とキャパシタ外部の回路を流れる信号電流を示している。初期状態では，焦

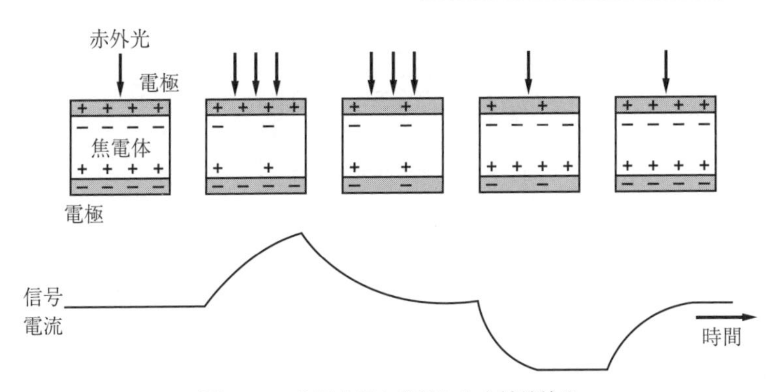

図 **3.15**　焦電効果を利用した赤外線検出

電体の分極状態を反映して，その表面には表面電荷が現れており，キャパシタを形成している電極には，この表面電荷を相殺するような電荷が蓄えられている。赤外線の量が増加し吸収するパワーが増大すると，焦電体の温度が上昇し自発分極が減少する。自発分極の減少により表面電荷は減少するが，キャパシタ電極上の電荷も，電荷バランスを維持するために変化する。このとき，外部回路に電流が流れ，赤外線量の変化を電流として検出することができる。逆に，赤外線の量が減少すると，焦電体内の分極が増加して外部回路には逆方向の電流が流れる。焦電体内の自発分極の状態は変化がないときは検出できないため，赤外線センサでは**光チョッパ** (optical chopper) などを用いて変化させる必要がある。

焦電体は，強誘電材料であり，強誘電体が常誘電体に変化する**キュリー温度** (Curie temperature) で自発分極は 0 になるが，キュリー温度付近では誘電率の温度依存性が非常に大きくなるので，この現象を利用して温度–電気変換を行うセンサもある。この種のセンサを**誘電ボロメータ** (dielectric bolometer) と呼ぶ。

3.3.6　ゼーベック効果

異種の導体（金属または半導体）を図 **3.16** (a) のように 2 か所で接合し，接

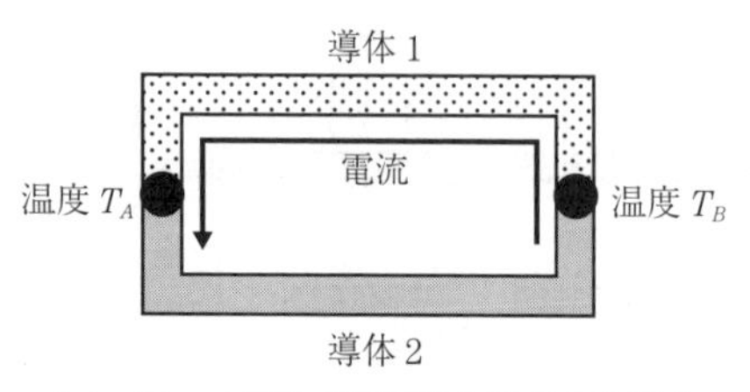

(a)　二つの導体が閉回路を形成する構成

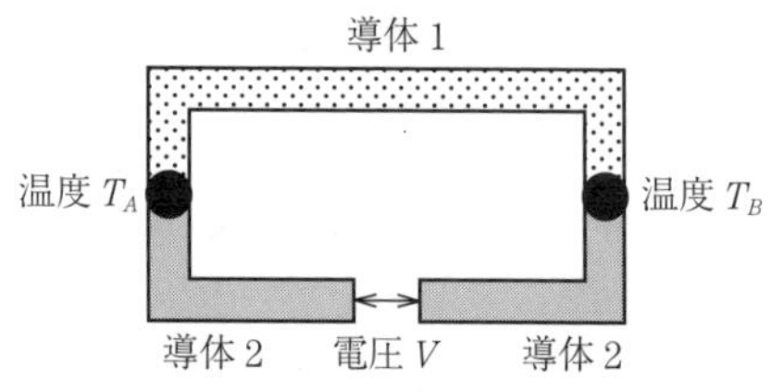

(b)　一方の導体を切断して電圧出力を得る構成

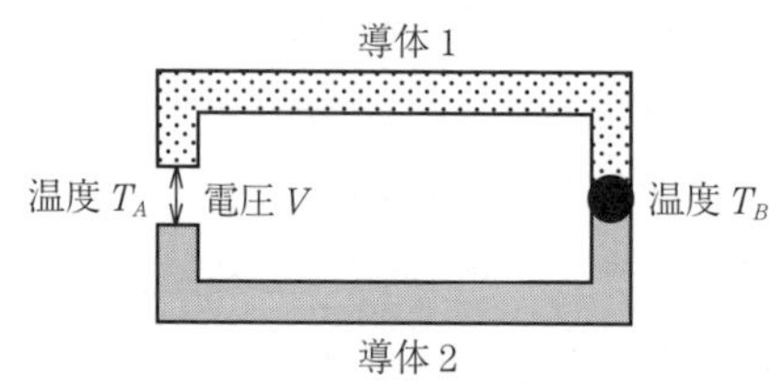

(c)　片方の接点を開放して電圧出力を得る構成

図 3.16　熱電対の構成

合部に温度差を与えると起電力（電流）が発生する。この現象を**ゼーベック効果** (Seebeck effect) と呼ぶ。図 (a) に示す構成では，出力を外部に取り出すことが難しいが，図 (b) または図 (c) のようにすることで，電圧出力を得ることができる。この種の温度差–起電力変換を行うデバイスが，**熱電対** (thermocouple) と熱電対を直列接続した**サーモパイル** (thermopile) である。

ゼーベック効果は，単独の材料で観測することはできず，図 (a)～(c) に示したような構成をとることで初めて観測することが可能となるが，原理的には，単独の材料の両端に温度差を与えることで起電力が発生すると解釈することができる。この場合，両端の温度差がそれほど大きくないとき，発生する起電力 V は温度差 $\varDelta T$ に比例し

$$V = \alpha \Delta T \tag{3.50}$$

で与えられる。ここで，α は**ゼーベック係数** (Seebeck coefficient) と呼ばれる物質固有の定数である。ゼーベック係数は発生する電圧の極性に従って，正または負の値をとる。

図 (c) で，導体 1 のゼーベック係数を α_1，導体 2 のゼーベック係数を α_2 とすると，この熱電対構造で発生する電圧は

$$V = \alpha_2(T_B - T_A) + \alpha_1(T_A - T_B) = (\alpha_1 - \alpha_2)(T_A - T_B) \tag{3.51}$$

となる。ここで，T_A と T_B は両端の温度である。この式より，熱電対の出力は両端の温度差に比例しており，その比例係数は，二つの導体のゼーベック係数の差であることがわかる。図 (b) の場合も，電圧を観測する二つの端子部分の温度が同じならば，出力電圧は式 (3.51) と同一になる。

ゼーベック効果は，温度差を電圧に変換するものであるが，工夫をすることで，温度の絶対値を検出することに利用することもできる。また，温度差–電圧変換系では，ゼーベック効果を生じる二つの導体以外に，金属導体を配線に使用する可能性もある。こうした実際の変換系を構成するには，① 均質回路の法則（同じ材料の熱電対には起電力が発生しない），② 中間金属の法則（熱電対に別の材料からなる配線を挿入する場合，挿入した別材料の両端の温度が等しければ，挿入した配線は起電力に影響を与えない），③ 中間温度の法則（起電力が加算的である）という三つの熱電対の性質を利用する。

3.3.7 ホール効果・磁気抵抗効果

荷電粒子が磁界中を運動するとき，運動する粒子は運動と磁場の方向に垂直な方向に力を受ける。この力を**ローレンツ力** (Lorentz force) と呼ぶ。**ホール効果** (Hall effect) と**磁気抵抗効果** (magnetoresistance effect) はローレンツ力に起因した現象であり，磁界の強さを電気量に変換するものである。

図 3.17 (a) は n 型半導体を用いた場合のホール効果を，図 (b) は p 型半導体を用いた場合のホール効果を説明する図である。直方体の形状をした半導体の

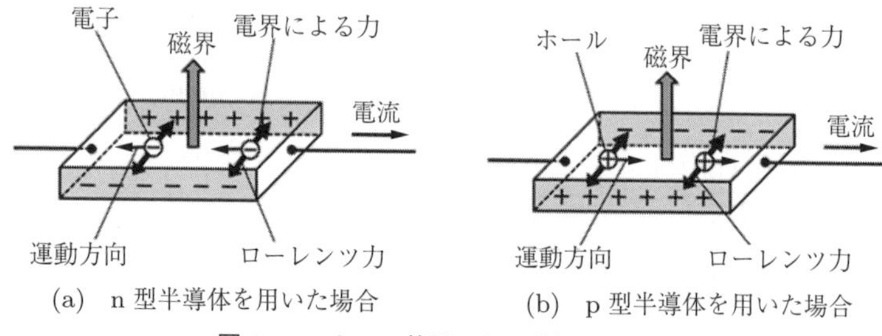

(a) n 型半導体を用いた場合　(b) p 型半導体を用いた場合

図 3.17 ホール効果による磁界–電圧変換

両端に電極を付けて，直流電流を流しておき，垂直方向に磁界を印加した状態では，半導体中を移動する電荷はローレンツ力を受けて運動方向を曲げられる。速度 $\boldsymbol{v}$ で運動する電子または正孔に働くローレンツ力 $\boldsymbol{F}$ は

$$\boldsymbol{F} = e(\boldsymbol{v} \times \boldsymbol{B}) \tag{3.52}$$

となる。ここで，e は電子の電荷（電子では符号は “–”，正孔では符号は “+” とする），$\boldsymbol{B}$ は磁界ベクトルで，括弧内の式はベクトル積を表している。半導体の電流方向の長さが十分長いと，運動方向を曲げられた電荷は半導体側面に蓄積され，半導体内に電界が生じる。この電界が電荷に及ぼす力がローレンツ力と釣り合った状態で定常状態となる。電流は，電流を運ぶ電子または正孔の速度に比例するので，半導体側面間に現れる**ホール電圧** (Hall voltage) V_H は

$$V_H = R_H I B \tag{3.53}$$

と表すことができる。ここで，I は電流の大きさ，B は磁界の強さ（電流に垂直な成分）であり，R_H はホール係数と呼ばれる定数である。したがって，ホール電圧を測定することで磁界の強さを知ることができる。

図 3.17 (a) の n 型半導体を用いた場合は，電子の運動方向は右から左であり，電子の電荷が負であることを考慮するとローレンツ力により手前の面に電子が蓄積されるので，電界による力は手前の面から奥の面に向かう方向を持つ。一方，図 (b) の p 型半導体を用いた場合は，正孔の電荷が正であることから，運動方向が逆になり，電子と同じ方向のローレンツ力を受けるので，正孔が手

前の面に蓄積され，電界の方向は電子の場合と逆になる。したがって，n 型半導体を用いた場合と p 型半導体を用いた場合とで，同じ磁界方向であってもホール電圧の極性が異なる。

図 3.17 では，電流方向に長い半導体を考えたので，ローレンツ力で運動方向を曲げられたキャリヤは半導体の壁に到達して蓄積されたが，半導体の長さが短い場合は，移動方向を曲げられたキャリヤは側壁に到達する前に対抗電極に流れ込むので，半導体中での電流経路は磁界が存在しない場合に比べて長くなり，磁界の存在により抵抗が増大する。この現象を磁気抵抗効果という。磁気抵抗効果による抵抗値 R_B の変化は，近似的に

$$R_B = R_0(1 + GB^2) \tag{3.54}$$

となり，抵抗変化量は，定数項を除いて磁場の強さの 2 乗に比例した形になる。ここで，R_0 は磁界 0 における抵抗値で，G は定数である。

3.3.8 電 磁 誘 導

電磁誘導 (electromagnetic induction) は，磁束が変動する環境下に存在する導体に起電力が発生する現象である。例えば，**図 3.18** (a) に示すように，閉回路を貫く磁束があり，これが時間的に変化しているとすると

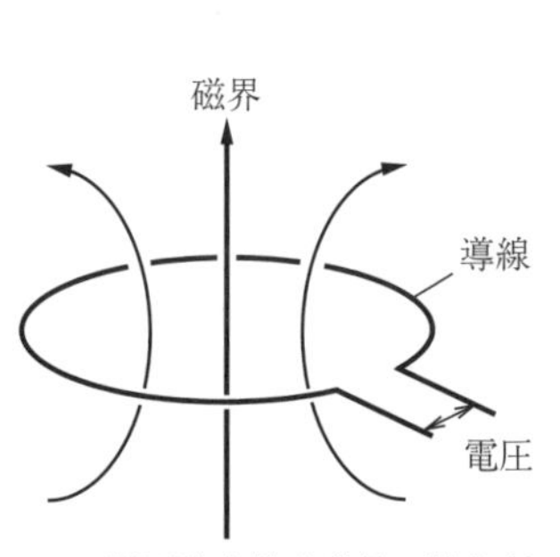

(a) 閉回路を貫く磁界の強さが変化した場合

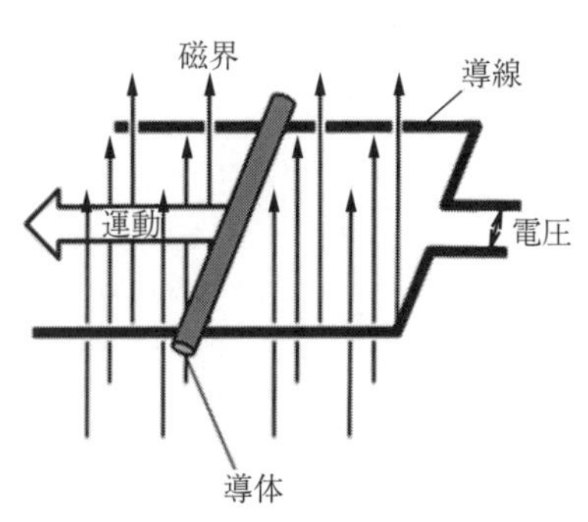

(b) 一様な磁界の中で，導体が作る閉回路の面積が変化した場合

図 3.18 電磁誘導による起電力の発生

$$V = -\frac{d\Phi}{dt} \tag{3.55}$$

という起電力が発生する。ここで，Φ は閉回路を貫く磁束で，t は時間である。右辺のマイナス記号は，発生する起電力の方向を示している。発生した起電力により流れる電流の方向は，その電流により誘起される磁界が，外部磁界の変化を打ち消す方向になる。また，図 (a) の閉回路を N 回巻かれたコイルに置き換えると，起電力は N 倍になる。

電磁誘導は，閉回路内を貫く磁束が変化することで起こるので，磁束の時間変化がなく，均一な磁界の中でも，閉回路の大きさが変化すれば，同様の現象が起こる。図 (b) は，均一磁界中で閉回路の大きさが変化したときの電磁誘導の一例を示す図である。この例では，二つの平行導線に電気的に接した状態で均一な磁界中を導体が運動している。導体の運動により，導線と導体で囲まれた閉回路を貫く磁束が変化するため，図 (b) に示すように，導線の端に電位差（電圧）が生じる。導体が，導線に垂直に等速運動を行うとき，生じる電圧の大きさは，運動速度，平行導線間の距離，磁束密度の積に等しくなることがわかる。

電磁誘導は，永久磁石と導体の相互運動で発生する起電力による速度や回転数の測定に利用することができる。また，移動する磁性体で磁気的に結合された二つのコイルの一方を交流電圧により駆動することで磁界の大きさを変化させ，他方のコイルに発生する起電力の大きさを測定することで，磁性体の位置を知ることもできる。

章末問題

【1】 Si, Ge, InSbで作製した光検出器のカットオフ波長 λ_c を求めよ。ただし，光検出器は価電子帯から伝導体への電子の遷移により光を検出しているものとし，Si, Ge, InSbのバンドギャップエネルギーはそれぞれ1.1 eV，0.67 eV，0.23 eVとする。

【2】 図3.7の熱型光検出器について，時間 t を含んだ熱バランスの式を考え，赤外線の強度が交流的に変化したときの応答の周波数特性を求めよ。

【3】 反射光の到達時間で距離を計測する手法で，30 cmの距離分解能を実現するために必要な時間分解能を計算せよ。

4 メカトロニクスの基本測定

3章では各種の物理現象を利用して測定量を信号として検出し，検出信号を測定に適した信号に変換する方法について述べた。本章では，これらの信号の検出と変換の方法に基づき，メカトロニクスにおける基本的な測定量を対象とした測定器の具体的な構成方法について述べる。

4.1 電圧，電流，抵抗の測定

多くの物理量は最終的には電圧あるいは電流に変換されて測定される。これは，電圧（電流）に変換された信号は，**増幅** (amplification)，**フィルタリング** (filtering)，**A–D 変換** (analog-to-digital conversion) が容易であり，A–D 変換された**ディジタル信号** (digital signal) はパソコンなどを用いて高度な処理が行えるからである。電圧（電流）の測定器としては，**ディジタルマルチメータ** (digital multimeter) など簡便に取り扱えるものが数多くあり，通常はそうした測定器を用いることで目的とする測定を行うことができる。ここでは，電圧電流測定において注意する必要がある**内部抵抗** (internal resistance)（交流信号では**内部インピーダンス** (internal impedance) であるが，以下，直流信号について抵抗成分のみを取り上げる）の問題を議論するとともに，電圧電流の有用な測定手法を紹介する。

電圧や電流を出力する信号源（電源やセンサ）を被測定対象として，これらが出力する信号を電圧計や電流計で測定することを考える。電源や測定器は，理想的には，電圧源と電流計では内部抵抗が 0，電流源と電圧計では内部抵抗が無限大と考えるが，実際の測定においては内部抵抗が測定結果に影響を及ぼす場合があるので注意が必要である。内部抵抗を含む実際の測定系の等価回路は，**図 4.1** に示すように，被測定対象が電圧源で表される場合は，内部抵抗は電源に直列に，被測定対象が電流源で表される場合は，内部抵抗は電源に並列に入り，電圧計では内部抵抗が無限大の理想的な電圧計に並列に，電流計では内部抵抗が 0 の理想的な電流計に直列に内部抵抗が挿入されていると考える。図 (a) に示すように，内部抵抗を持った電圧信号源の出力 E を，内部抵抗を持った電圧計で測定すると，電圧計で測定される電圧 V_M は

$$V_M = \frac{R_M}{R_S + R_M} E \tag{4.1}$$

となる。ここで，R_S は被測定対象の内部抵抗，R_M は電圧計の内部抵抗である。$R_M \gg R_S$ であれば $V_M \fallingdotseq E$ となり，測定される電圧は被測定対象の出力にほぼ等しくなるが，内部抵抗がこの条件を満たさない場合は系統誤差（5.2.1 項参照）を生じる。例えば，1 %以下の誤差にするためには，R_M を R_S の 99 倍以上にしなければならない。

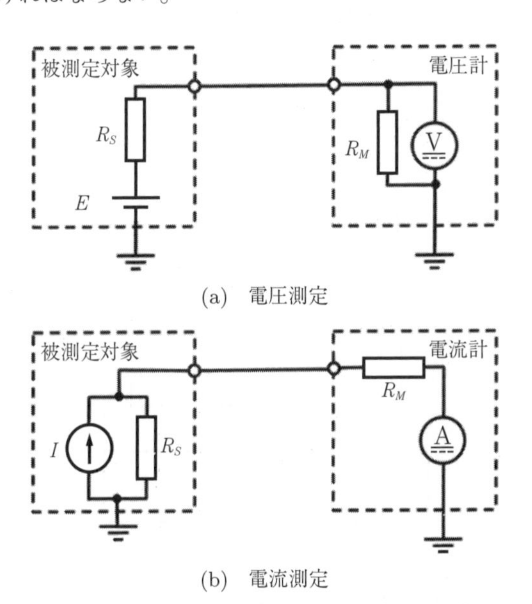

(a)　電圧測定

(b)　電流測定

図 4.1　内部抵抗を考慮した電圧と電流の測定

図 (b) は，内部抵抗を持った電流信号源の出力 I を，内部抵抗を持った電流計で測定する場合の等価回路である。この等価回路から，電流計で測定される電流 I_M は

$$I_M = \frac{R_S}{R_S + R_M} I \tag{4.2}$$

となる。ここで，R_S は，被測定対象の内部抵抗，R_M は電流計の内部抵抗である。この場合，系統誤差が無視できる条件は，$R_S \gg R_M$ となる。

図 4.2 は，内部抵抗を持った被測定対象の電圧 V_X を，内部抵抗の影響を受けずに比較的正確に測定する**抵抗分圧器型電位差計** (voltage divided potentiometer) の構成を示す図である。この電位差計では，最初に**標準電池** (standard cell)V_S を接続し，**可変抵抗** (variable resistance)R を調整して検流計により標準電池の回路を流れる電流が 0 になる抵抗値 R_S を求め，つぎにスイッチを被測定対象側に切り替え，被測定対象側の回路を流れる電流が 0 になる可変抵抗 R の値 R_X を求める。このような手順で測定すると，2 回の測定で可変抵抗 R を流れる電流は等しいので，被測定対象の電圧 V_X は

$$V_X = \frac{R_X}{R_S} V_S \tag{4.3}$$

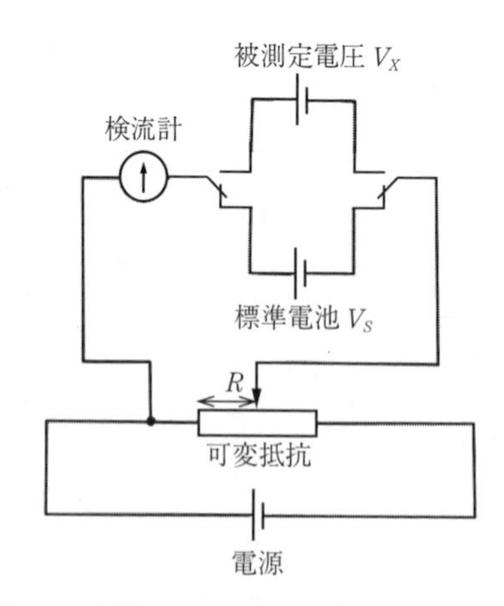

図 **4.2**　抵抗分圧器型電位差計による電圧測定

として求められる。測定中，標準電池にも被測定対象にも電流が流れないので，これらの内部抵抗による電圧降下が起こらず，正しい電圧を測定することができる。

抵抗の測定は，電流と電圧を測定することで行われるが，測定すべき抵抗値が小さいときは，配線や接続部分の抵抗が分離できず，誤差を生じることがある。こうした誤差を避けるための測定方法が**図 4.3** に示す四端子法である。通常の抵抗測定では，電流計と電圧計は測定器の内部で配線されており，測定器の入力端子は二つであるが，**四端子抵抗測定器** (four-terminal resistance measurement equipment) では，図に示すように電流測定用の端子（I1 と I2）と電圧測定用の端子（V1 と V2）が別々になっている。被測定抵抗への配線は，電圧測定用の接続を可能な限り被測定抵抗の近くで行う。この測定方法は被測定抵抗が小さい場合に有効な測定で，その場合，電圧計の内部抵抗は被測定抵抗に比べ十分大きいと考えていいので，電圧計には電流がほとんど流れず，電圧計は，電流計が示す電流が被測定抵抗をすべて流れたときの電位降下値を示す。したがって，この構成の電流計と電圧計の測定値を用いて計算された抵抗値は，配線や接続部分の抵抗を含まない被測定抵抗のみの抵抗値となる。

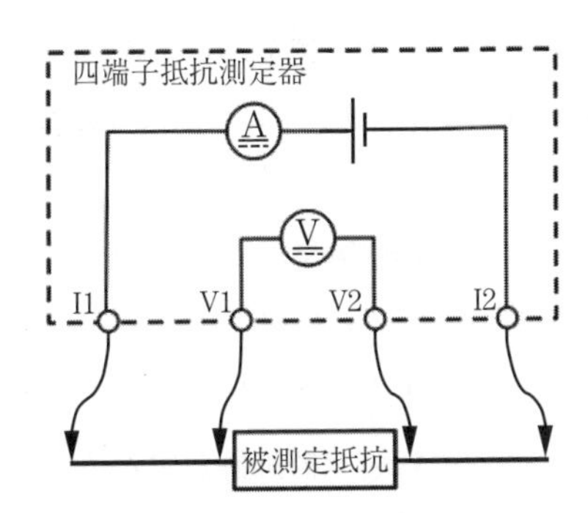

図 4.3　四端子法による抵抗測定

抵抗測定は，いろいろな物理量の測定に用いることができるが，物理量を抵抗値の変化として測定する場合によく用いられる回路に**ホイートストンブリッジ** (Wheatstone bridge) がある。**図 4.4** にホイートストンブリッジを用いた抵

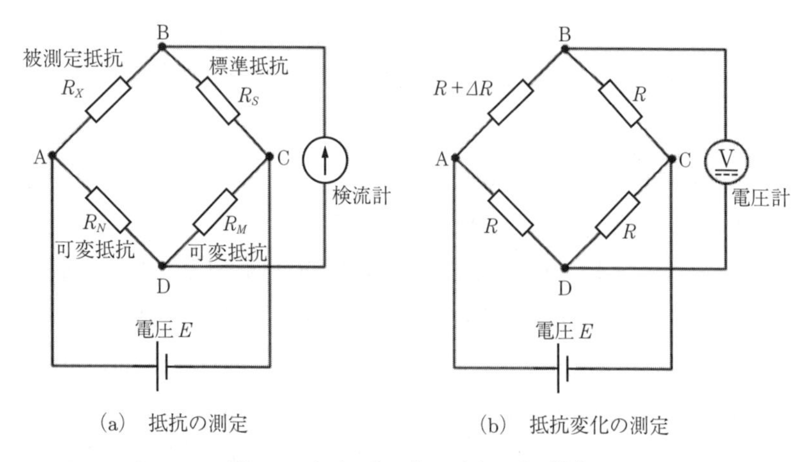

図 **4.4**　ホイートストンブリッジの構成

抗値（または抵抗変化）の測定方法を示す。

図 (a) は，二つの可変抵抗を調整することでブリッジをバランスさせ，検流計を流れる電流が 0 の状態を作って抵抗を測定する方法である。ブリッジがバランスしたときの可変抵抗の値を R_M と R_N とすると，被測定抵抗 R_X は

$$R_X = \frac{R_N}{R_M} R_S \tag{4.4}$$

である。ここで R_S は標準抵抗の抵抗値である。この方式では，抵抗測定が電源電圧の揺らぎや**検流計** (galvanometer) の内部抵抗の影響を受けないという利点があるが，検流計を使った測定は，センサの出力を測定する方法としては不向きである。ひずみゲージや**熱線型流量計** (hot wire flowmeter) など，抵抗変化を測定することで物理測定を行うデバイスの抵抗変化測定方法としては，図 (b) に示す平衡からのわずかな抵抗値のずれを電圧で出力する方法がよく用いられる。この方式では，基準の状態で抵抗値が他の三つの抵抗と等しいセンサを A-B 間に配置する。センサの抵抗値が $\Delta R(\ll R)$ だけ変化すると，電圧計には

$$\Delta V = \frac{\Delta R}{4R} E \tag{4.5}$$

の電圧が現れる（点 B に対して点 D のほうが高い電位）。したがって，現れた

電圧からセンサの抵抗変化を求めることができる。

測定に有用な電子デバイスに**オペアンプ** (operational amplifier) がある。オペアンプは，**図 4.5** に示すように，抵抗やコンデンサを外付けすることで，いろいろな機能の回路を作ることができる。オペアンプを使った回路は，利得などがオペアンプの特性によらず，外付け部品だけで決められることが大きな特徴である。図 (a) は**反転増幅器** (inversion amplifier)，図 (b) は**非反転増幅器** (noninversion amplifier)，図 (c) は**反転加算器** (inversion adder)，図 (d) は**減算器** (subtracter) または**差動増幅器** (differential amplifier)，図 (e) は**ボルテージホロワ** (voltage follower)，図 (f) は**積分器** (integrator) である。ボルテージホロワは，理想的なオペアンプ動作を考えた場合，利得は 1 であるが，入力インピーダンスが高く，出力インピーダンスは 0 になるので，インピーダンスの

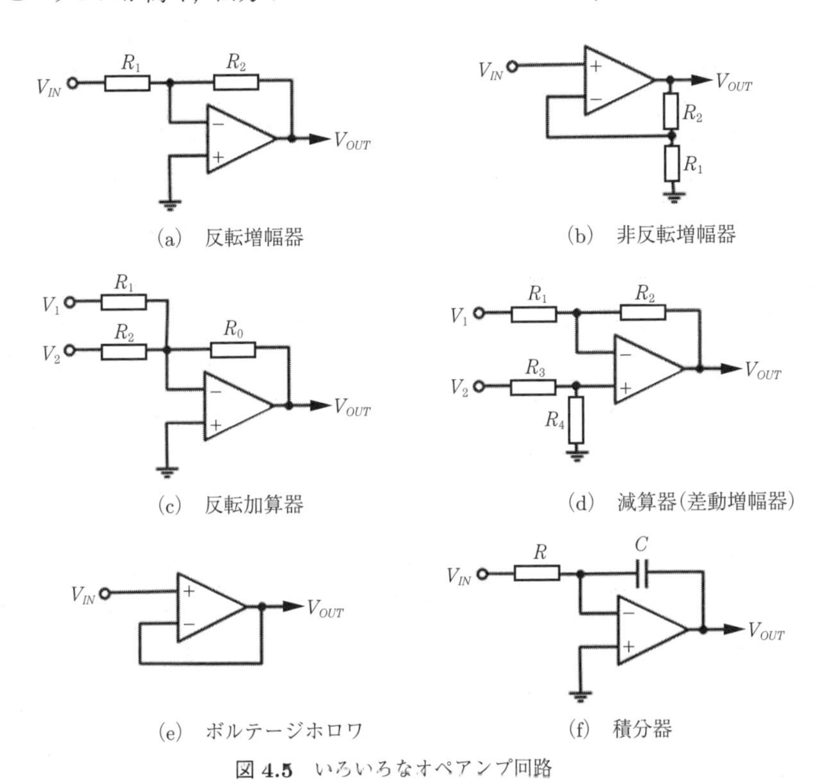

図 4.5 いろいろなオペアンプ回路

高い信号源と測定器の間に入れ，信号源と測定器のインピーダンスのミスマッチを解消するとともに，信号源と測定器間の配線が受ける雑音を低減するのに役立つ。

4.2 位置，速度，加速度の測定

位置の測定 (position measurement) は基準点からの距離を測ることであり，基本的には長さ（距離）の測定を行うことになる。位置の測定は，地球規模のものから原子の大きさのレベルまで広範な対象があり，測定対象の大きさに合わせていろいろな原理を用いた測定技術が実用化されている。

例えば，地球上の位置の特定には，**全地球測位システム**または **GPS**(Global Positioning System) を利用した測定器が広く普及している。GPS は，24 機の衛星で構成される巨大なシステムであるが，受信機は携帯端末に搭載できるほど小型である。GPS では，衛星から発信される電波の伝播時間を測定することで位置の測定を行う。3 次元空間での 1 点の座標を決めるには，最低 3 機の衛星からの電波が必要であるが，受信機の時計の誤差の影響を取り除くために，現システムでは 4 機の衛星のデータが使われている。GPS の精度は，数十 m であるが，固定参照点のデータを利用するなどして精度を上げる方法もある。

微小な位置変化の検出には，光の干渉を利用した測定方式が有効である。3.2.3 項で説明したように，光の干渉を利用して変位を測定するマイケルソン干渉計を用いることで，光の波長以下の精度で位置変化の測定が可能である。

上記 2 種類の位置測定方法の中間の距離を測定する方法の一つに**レーザレーダ** (laser radar) がある。これは，3.2.7 項で述べた光の伝播時間から距離を測定する技術（TOF (time of flight) 法と呼ぶ）である。**図 4.6** にレーザレーダの構成を示す。その構成は，光を発射する**レーザダイオード** (laser diode) と光を受光する高速フォトダイオードからなる。レーザダイオードはパルス駆動され，発射された短い光パルスは，レーザレーダと測定対象の間を光が往復する時間だけ遅れてフォトダイオードで受光される。距離は，光を発射してから受

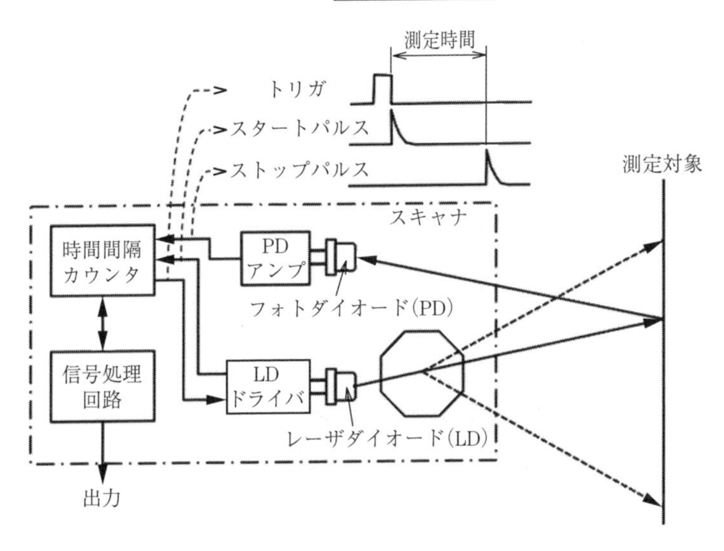

図 **4.6** レーザレーダの構成

光するまでの時間を測定することで求められる。図に示すように，レーザダイオードからの光を**スキャナ** (scanner) によって走査することで物体の位置や形状の三次元測定を行うことができる。

角度の測定は**図 4.7** に示した**ロータリーエンコーダ** (rotary encoder) を用いて行うことができる。角度の測定には，静電容量や磁気を利用した方式もある

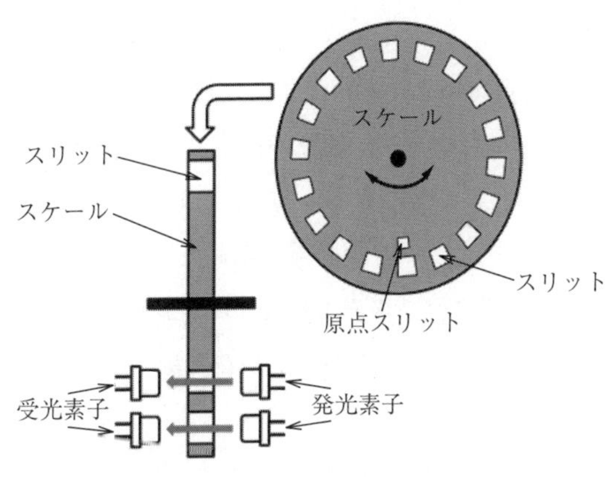

図 **4.7** ロータリーエンコーダの構成

が，ここで示す例は光を利用したものである。ロータリーエンコーダは，等間隔でスリットが設けられたスケールと**発光素子** (light emitting element) および**受光素子** (light-sensitive element) からなる。発光素子と受光素子の間に回転できるようにスケールを配置する。発光素子と受光素子の間にスリットがくると光がスケールを通過し受光素子に信号が現れるが，スリットとスリットの間に光路がくると光は遮（しゃ）断される。したがって，スケールをどちらかの方向に回転すると受光素子の出力はパルス状に変化し，パルス数から回転角度を，パルスの周波数から回転速度を測定することができる。図 4.7 のロータリーエンコーダは，変化のみを測定する**インクリメント型エンコーダ** (incremental encoder) であるが，一つの角度上にコード化された複数のスリットを設けることで絶対角度を測定する**アブソリュート型エンコーダ** (absolute encoder) も実現できる。図の例は，インクリメントではあるが，原点スリットと，原点検出用の発光/受光素子が付加されており，原点からの角度変化の検出も可能である。図の形状から明らかなように，ロータリーエンコーダでは，右回りと左回りで同じ信号が得られるので，回転方向を検出することができない。回転方向は，回転角検出用の発光/受光素子をもう一組，スリット間隔の 1/4 の距離だけ離して設置し，二つの受光素子の出力の位相の違いから決定することができる。また，スリットを直線状に配列して直線変位を測定する**リニアエンコーダ** (linear encoder) もある。

速度の測定 (velocity measurement) は，位置の変化と変化に要する時間がわかれば可能である。したがって，速度の測定は，位置の測定と時間の測定を組み合わせることで行うことができる。また，3.3.8 項の電磁誘導を利用し，定磁界内でコイルを回転させてコイル両端に誘起される電圧で測定する手法や，3.2.5 項の電磁波のドップラー効果を用いて速度を測定する手法がある。ドップラー効果を用いたものは，自動車の速度監視や野球の球速測定などに利用されている。

加速度の測定 (acceleration measurement) は，3.1.1 項で説明したサイズモ系の原理で測定することができる。サイズモ系では，測定対象の振動数が測定系の固有振動数に比べて十分小さいとき，おもりの変位を測定することで加速度を得る。**図 4.8** に，MEMS 技術（3.2.2 項参照）により作られた，この種の加速度センサの断面を示す。図 (a) は，おもりの変位を 3.3.2 項のピエゾ抵抗効果を利用して測定する**加速度センサ** (accelerometer) で，図 (b) は，3.3.3 項の静電容量の変化を用いて測定するものである。両者とも，おもり（可動質量体）は細い梁(はり)で支持された構造を有しており，この構造は，シリコンを裏面から**異方性エッチング** (anisotropic etching) を行うことで形成されている。図 (a) では，梁の部分に拡散抵抗が形成されている。この構造に上下方向の加速度が加わると，可動質量体は変位し，梁に引張り応力または圧縮応力が作用して抵抗値が変化する。図 (b) では，可動質量体を挟んで上下にガラス基板上に形成された固定電極があり，可動質量体とこの二つの固定電極で二つのキャパシタが形成されている。この構造に加速度が加わり，可動質量体が下方向に変位した場合，上側のキャパシタは電極間間隔が広がるために静電容量が小さくなり，下側のキャパシタは電極間間隔が狭まるために静電容量が大きくなる。したがって，図 (a) では抵抗値変化から，図 (b) では静電容量の変化から加速度を得ることができる。この種の加速度センサは，自動車の**エアバッグシステム** (airbag

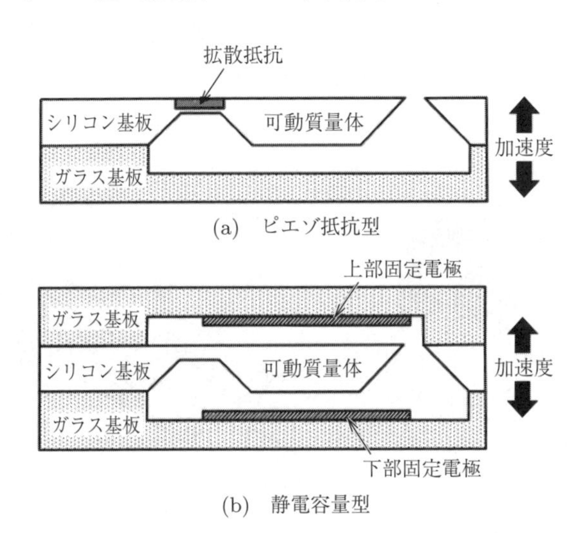

図 4.8 加速度センサの断面構造

system) や**携帯端末** (personal digital assistant) など数多くの製品に組み込まれて，広く普及している。

角速度の測定は，3.1.2 項で述べたコリオリ力を利用した方法と光の**サニャック効果** (Sagnac effect) を利用した方法がある。後者は，前者に比べて格段に精度が高いが，小型化が難しく高価であるため，航空機や衛星など応用分野は限られている。ここではコリオリ力を利用した**振動ジャイロ** (vibrating structure gyroscope) を紹介する。**図 4.9** に二つの形状の異なる振動ジャイロを示す。図 (a) は，四角柱の振動子の四つの面に**圧電セラミックス** (piezoelectric ceramic) を貼(は)り付けた構造の振動ジャイロである。図で上下面に貼り付けた圧電セラミックスは励振用であり，これらに交流信号を加えて振動子を振動させておき，四角柱の軸の周りに回転させると，左右方向にコリオリ力が生じ，左右方向にも振動が現れる。この左右方向の振動を検出用の圧電セラミックスで検出することによって角速度を測定する。圧電セラミックスは，3.3.4 項で述べたように励振と検出に使うことができる。図 (b) は二つの音叉(さ)型の振動子を組み合わせたもので，手前側の音叉構造の側面に励振用圧電セラミックスを貼り付けて水平方向に振動させ，上下方向にコリオリ力による運動を発生させるものである。励振用の音叉構造に発生したコリオリ力による振動は，結合された検出用の音叉構造に伝えられる。伝えられた振動は検出用音叉に貼り付けられた検出用圧電

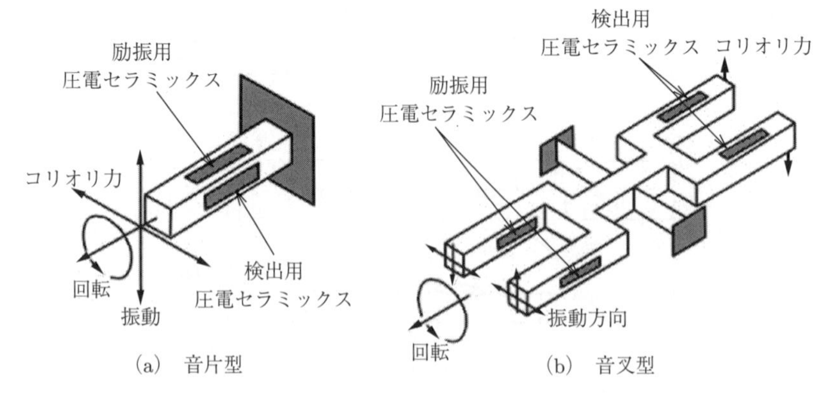

図 4.9　圧電セラミックスを用いた振動ジャイロ

セラミックスにより検出され，比例する角速度が測定される。結合構造は，音叉間で水平方向の振動は伝わらず，コリオリ力による上下方向の振動のみが伝わるように設計されている。

4.3 応力・ひずみ・圧力の測定

ひずみは，基準長さに対する物体の変形量の比率で定義される。フックの法則（3.1.3 項）で述べたように，材料に弾性限界以下の力を加えたとき，材料の伸びは力に比例するので，ひずみを測定することができれば物体内部に働く応力に関する情報も得ることができる。ひずみ量の測定は，ピエゾ抵抗効果（3.3.2 項）を利用したひずみゲージを用いる方法が一般的である。

ひずみゲージは，紙やポリイミドなどのベース上に金属細線か金属箔（はく）でできた抵抗体を形成したものである。**図 4.10** に金属箔を用いたひずみゲージの構造を示す。このひずみゲージは，図の横方向のひずみを測定する単軸方向ゲージである。使用する際は，このひずみゲージを測定対象の変形方向に合わせて接着し，抵抗変化からひずみ量を測定する。3.3.2 項で述べたように，金属材料を抵抗体として用いた場合，抵抗変化率 $\Delta R/R$ はひずみ ε に比例し，比例定数がゲージ率 K になるので，$\Delta R/R$ を測定することで

$$\varepsilon = \frac{1}{K}\frac{\Delta R}{R} \tag{4.6}$$

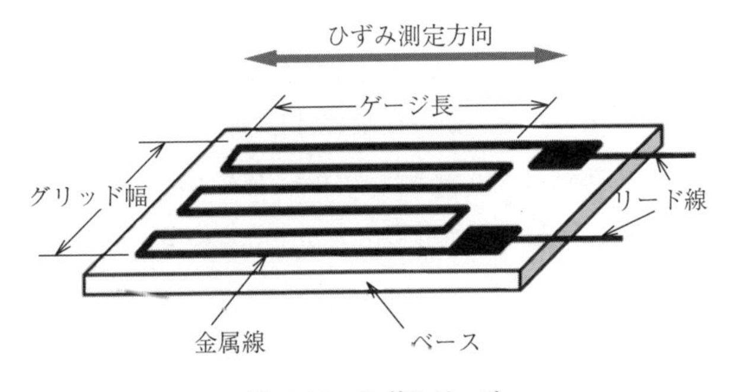

図 4.10 ひずみゲージ

からひずみを求めることができる。図 4.10 に示したひずみゲージの場合，抵抗変化は，ゲージ長方向の金属線部分には長さ方向に力が加わり，グリッド幅方向の金属線部分には幅方向に力が加わることによる。抵抗変化の測定には，4.1 節で説明したホイートストンブリッジがよく用いられる。

図 4.11 (a) に**ロードセル** (load cell) の基本構造を示す。ロードセルは，ひずみを測定できるひずみゲージのような素子を備えた測定用弾性構造体（図の四角柱の構造体）で，この構造体に印加した力を測定することができる。ロードセルは，体重計や電子天秤をはじめとする材料試験装置などに広く活用されている。図のようにひずみ測定方向が直交したひずみゲージを四角柱の四つの側面に一つずつ取り付け，これらでブリッジ回路を構成する **4 アクティブゲージ法** (four active gauge method) という測定手法がよく用いられる。

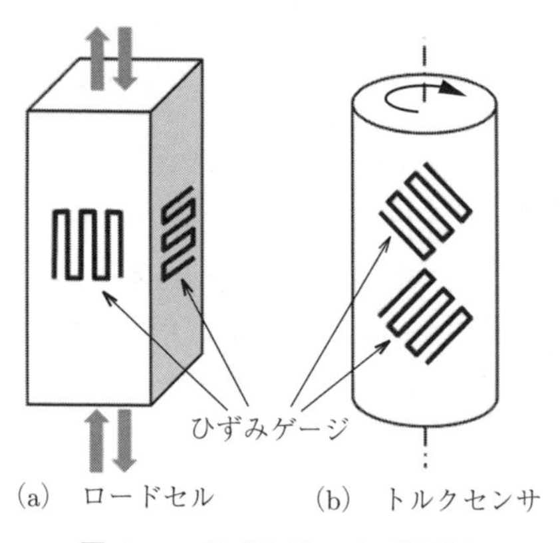

図 4.11　ひずみゲージの使用例

図 (b) はロードセルと同じように測定弾性構造体にひずみゲージを貼り付けたものであるが，ひずみゲージが円筒軸に対し 45° の角度で設置されている。円筒軸周りに**トルク** (torque) が働き，この構造体にねじりが作用すると円筒軸に対して 45° の角度に圧縮と引張りの応力が生じるので，図の構成でトルクの測定ができる。

半導体ひずみゲージ (semiconductor strain gauge) は，ゲージ率が金属に比べて 2 桁程度大きく，圧力センサなどとして広く使用されている。**図 4.12** に半

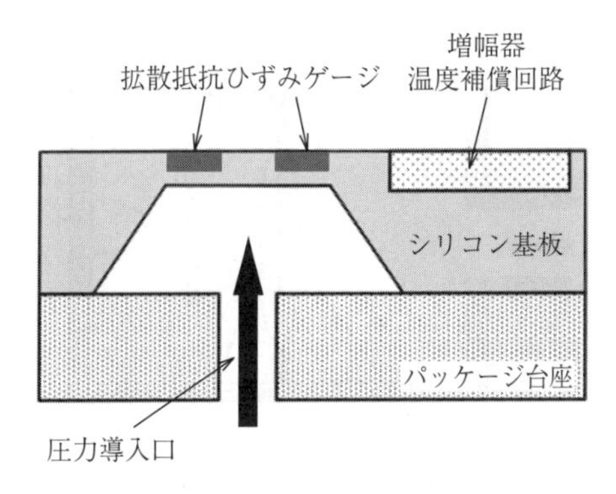

図 **4.12**　半導体ひずみゲージを用いた圧力センサ

導体ひずみゲージを用いた圧力センサの構造例を示す。半導体ひずみゲージは，シリコン基板上に不純物を導入して形成した拡散抵抗である。拡散抵抗ひずみゲージは，シリコン基板を薄くしたダイヤフラム上に形成することで，ひずみを生じやすくしている。ダイヤフラムの形成は MEMS 技術（3.2.2 項参照）で行う。シリコン基板を用いたひずみゲージでは，同一基板上に増幅器や**温度補償回路** (temperature compensating circuit) を集積化することが可能である。半導体ひずみゲージは，感度は高いが温度依存性が大きく，温度補償は不可欠である。図の例では，シリコン基板が接合されているパッケージ台座に穴が空いており，この穴から圧力を測定する気体を導入する。ダイヤフラムは半導体基板上面の圧力と導入した圧力の差に依存したひずみを生じるので，このひずみ量をダイヤフラム上に設けた拡散抵抗ひずみゲージで測ることで圧力差を測定することができる。また，半導体基板上面を真空にすると絶対圧を測定することもできる。

真空は，大気圧より気圧が低い状態を指すが，真空度（圧力）の測定には，いろいろなメカニズムが利用されている。上述の絶対圧を測定する半導体ひずみゲージと同じように，基準圧力との差により構造体に働く力を利用して測定する**隔膜真空計** (diaphragm gauge) は中程度の真空度の測定に用いられる。図 **4.13** に代表的な隔膜真空計である**キャパシタンスマノメータ** (capacitance manometer) の構造を示す。この真空計は，基準圧力室の圧力と真空槽の真空

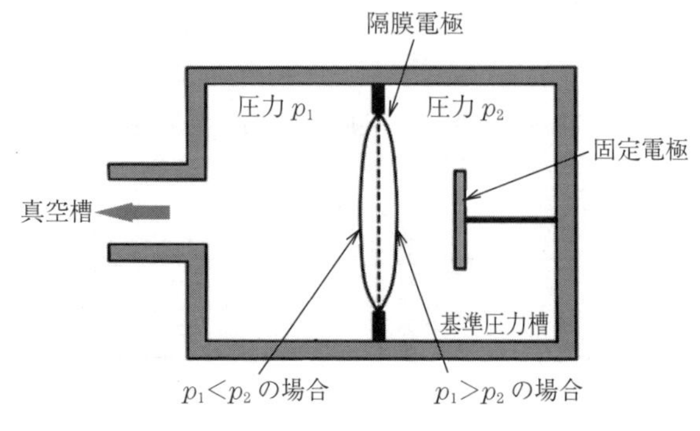

図 **4.13**　キャパシタンスマノメータの構造

度の差により生じる隔膜電極の変形を固定電極と隔膜電極とで構成されるキャパシタンスの変化で測定するものである。この測定手法は，3.3.3 項で説明した位置-静電容量変換の原理に基づいたものである。その他の真空度の測定方法として，気体の熱伝導特性や粘性が圧力によって変化する圧力領域（分子流領域）では，これらの特性を利用して真空度を測定する**ピラニ真空計** (Pirani gauge) や**スピニングロータゲージ** (spinning rotor gauge) などがあり，これらの真空計の測定範囲より高真空領域では気体分子を電離して流れる電流を測定する電離真空計が用いられている。

4.4　流速・流量の測定

流速はいろいろな物理現象を利用して測定することができる。例えば，① 流体に対するベルヌーイの定理，② 流体による冷却効果，③ カルマン渦，④ 流体内の音波の伝搬時間差，⑤ 流体中の物体に作用する力，⑥ 導電性流体の電磁誘導現象，⑦ 流体中の目印（タグ）の移動，などを利用した測定手法が実用化されている。流量は，定容量に分割して測定する手法もあるが，流速がわかれば流量を計算することができる。ここでは，こうしたいろいろな流速・流量測定の手法のうち，3 章で説明した物理現象で説明できるベルヌーイの定理を利用した手法と**熱線式流速計** (hot wire flowmeter) について紹介する。

図 4.14 は，ベルヌーイの定理を利用した流速測定器である**ピトー管** (Pitot tube) の測定原理を説明する図である。ピトー管は，流れをできるだけ乱さないように設計された細い管に 2 種類の圧力測定孔が設けられたものである。一つは図で A と示した圧力測定孔で，流れに対向する位置に形成されており，この部分では圧力測定孔の中の気体で流れがせき止められている。流体が，ベルヌーイの定理が成り立つ粘性や圧縮性が無視できるものであれば，流速 v は 0 になる。一方，ピトー管側面に設けられた圧力測定孔 B の近傍では，流体をさえぎるものがなく，この圧力測定孔付近の流速は，ピトー管がない状態での流速 v と等しい。圧力測定孔 A と B で測定される圧力をそれぞれ p_A と p_B とすると，式 (3.23) に従って

$$p_A = p_B + \frac{1}{2}\rho v^2 \tag{4.7}$$

となる。ここで，ρ は流体の密度である。上式を速度 v について解いて

$$v = \sqrt{\frac{2(p_A - p_B)}{\rho}} \tag{4.8}$$

が得られる。この式は，位置 A と位置 B の圧力差 $p_A - p_B$ を測定することで，流速 v を知ることができることを示している。

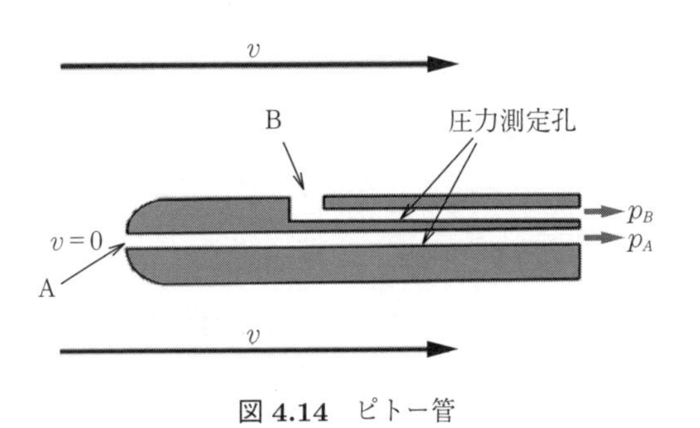

図 4.14 ピトー管

ベルヌーイの定理を利用した流量測定器に**絞り流量計** (differential pressure flowmeter) がある。絞り流量測定器は，流路に**オリフィス** (orifice) や**ノズル** (nozzle) を挿入することでも構成することができるが，**図 4.15** に示すように

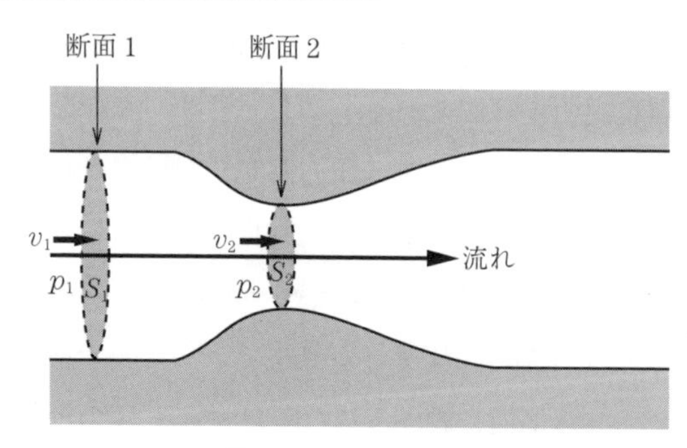

図 4.15　絞り流量計

流路断面がテーパ状に変化する流路では，絞り下流における管壁からの流れの剥離(はく)による流体のエネルギー損失が低減でき正確な流量測定ができる。

図で，絞りの前の断面 1 における断面積を S_1，圧力を p_1，流速を v_1 とし，絞りの位置の断面 2 における断面積を S_2，圧力を p_2，流速を v_2 とすると，ベルヌーイの定理から

$$\frac{1}{2}\rho v_1^2 + p_1 = \frac{1}{2}\rho v_2^2 + p_2 \tag{4.9}$$

が成立する。流体は非圧縮性なので，単位時間当りに断面 1 を通過する流体の量と断面 2 を通過する流体の量は等しく

$$S_1 v_1 = S_2 v_2 \tag{4.10}$$

となる。式 (4.9) と式 (4.10) から，**体積流量** (volume flow)Q は

$$Q = \frac{S_2}{\sqrt{1-(S_2/S_1)}}\sqrt{\frac{2(p_1-p_2)}{\rho}} \tag{4.11}$$

となる。断面積 S_1 と S_2 は設計によって決まる値なので，圧力差 $p_1 - p_2$ から体積流量を測定することができる。

熱線式流速計は，自動車の吸気量などを測定するのに広く用いられている。この方式は，電流を流して加熱した細い白金などの金属線の周囲に気体を流すと，流速が速くなるほど金属線から奪われる熱量が大きくなるという現象を利用して流速を測定するものである。熱線式流速計としては，MEMS 技術で作製

したものも開発されている。**図 4.16** にその一例を示す。図で下半分は流速計の構造を，上半分は流速計の各位置における温度を示している。この熱線式流速計は，シリコン基板で枠付けされたダイヤフラム上に二つの温度センサと一つのヒータを形成したものである。ヒータはダイヤフラム中央に形成されており，温度センサはヒータに対して対象に配置されている。この構造で，無風状態でヒータを加熱すると，破線のグラフのように左右対称な温度分布が得られ，二つの温度センサで測定される温度は同一となるが，図のように左から右への気流が生じると，温度分布は実線のグラフのように非対称となり，温度センサBで測定される温度のほうが温度センサAで測定される温度よりも高くなる。温度センサAとBで測定される温度の差は流速が速いほど大きくなり，流速と温度差の関係がわかれば，温度差から流速を測定することができる。

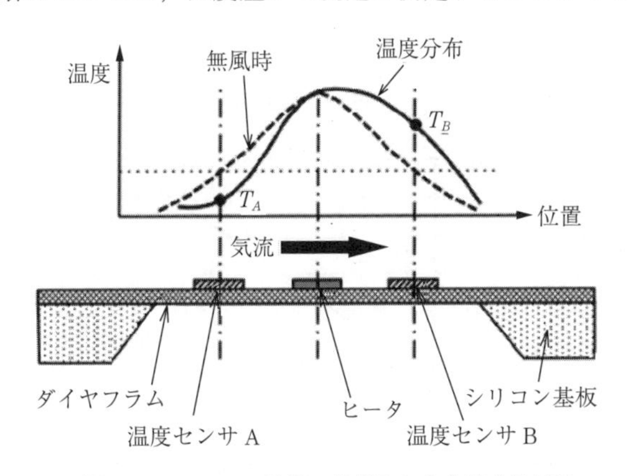

図 **4.16** MEMS 技術で作製された熱線式流速計

4.5 温度・熱量の測定

温度測定 (temperature measurement) には，測定用のセンサと被測定対象を接触させ，熱平衡状態を作り測定する方法と，被測定対象が放射する電磁波を測定する方法がある。後者は，**放射温度測定法** (radiation temperature measurement method) と呼ばれる。

接触式の温度測定には，3.3.1 項で述べた電気抵抗の温度依存性や 3.3.6 項で紹介したゼーベック効果を利用することができる。抵抗の温度依存性を利用したものには，**金属測温抵抗体** (metal resistance thermometer) と**サーミスタ** (thermistor) があり，ゼーベック効果を利用したものには熱電対がある。

3.3.1 項で述べたように金属の電気抵抗は温度依存性を持っており，白金など耐熱性と安定性に優れた材料は金属測温抵抗体として温度測定に利用されている。白金測温抵抗体には，0.05 mm 程度の白金線を巻き枠に巻いて保護管に入れたものや，薄膜を**リソグラフィー技術** (lithography technology) でパターニングしたものがある。0 °C で 100 Ω の**白金測温抵抗体** (platinum resistance thermometer) Pt 100 の特性が JIS に定められている。**図 4.17** は，Pt 100 の抵抗の温度依存性を示すグラフである。図に示すように，金属抵抗と温度は広い温度範囲でほぼ直線関係にあり，測定に適した特性を有していることがわかる。**抵抗温度係数** (temperature coefficient of resistance) は 0.39 %/ K である。

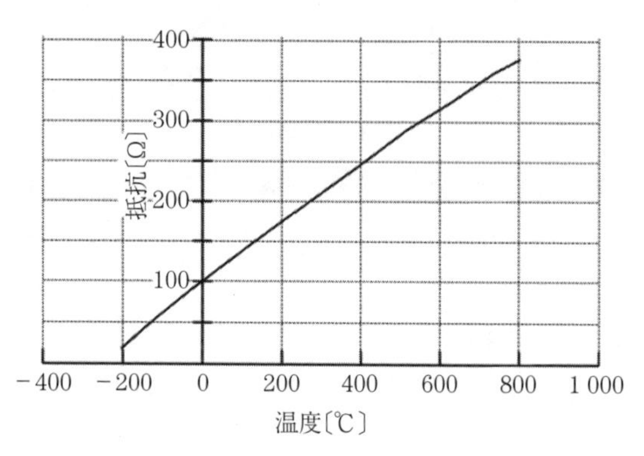

図 4.17　白金測温抵抗体 (Pt 100) の抵抗値の温度依存性

白金測温抵抗体の抵抗値は比較的低いので，抵抗を測定する際は配線抵抗の影響を受けないように注意する必要がある。**図 4.18** は，3 導線式と呼ばれる白金測温抵抗体の抵抗測定方法である。この回路は基本的にはホイートストンブリッジであるが，その一辺に白金測温抵抗体を，他の 3 辺に 0 °C の白金測温抵抗体の抵抗値と同じ 100 Ω の抵抗を配置した構成になっている。電気抵抗は

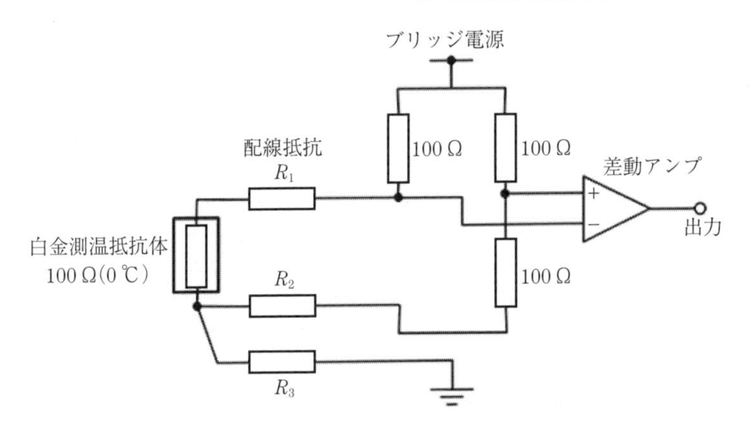

図 **4.18** 3 導線式白金測温抵抗体の抵抗測定方法

二端子素子であるが，図に示すように白金測温抵抗体からは 3 本の同じ形状，材質のリード線が出ており，図のように接続される。R_1，R_2，R_3 はリード線の電気抵抗を表しており，同じリード線を用いているので，$R_1 = R_2 = R_3$ となっている。このように回路を構成することで，ホイートストンブリッジの二つの電流経路には同じ大きさの配線抵抗 R_1 と R_2 が挿入されることになり，配線抵抗の影響は補償することができる。温度変化による白金測温抵抗体の抵抗変化は，ブリッジ内の検出ノードの電圧差として出力される。白金測温抵抗体としては，3 導線式用にリード線を設けたもの以外に，4.1 節で述べた四端子法による抵抗測定のために四つのリード線を設けたものもある。

熱電対は，いろいろな導体材料の組み合わせで実現することができるが，耐熱性，安定性，起電力の大きさ，価格などを考慮して，広く利用されているものがあり，それらの特性は JIS で規定されている。よく使用される熱電対としては，**クロメル** (chromel)（ニッケル・クロム）と**アルメル** (alumel)（ニッケル・アルミ）の組み合わせの K，クロメルと**コンスタンタン** (constantan)（ニッケル・銅）の組み合わせの E，鉄とコンスタンタンの組み合わせの J，銅とコンスタンタンの組み合わせの T，白金・ロジウムと白金の組み合わせの R（白金・ロジウム 13 %）と S（白金・ロジウム 10 %）がある。図 **4.19** に K，T，R，

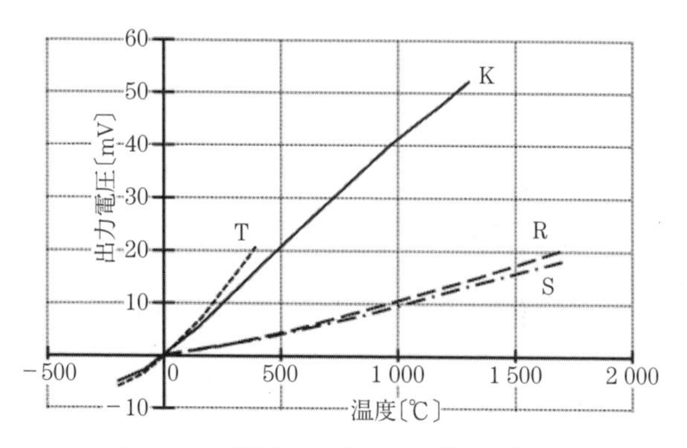

図 **4.19**　熱電対の熱起電力の温度依存性

S 熱電対の特性を示す。熱電対の種類で測定可能な温度範囲や起電力の大きさが異なるので，用途に応じて適したものを選ぶ必要がある。

3.3.6 項で説明したように，ゼーベック効果で得られる出力は，接点間の温度差に比例した電圧である。熱電対を用いて，温度差ではなく温度の絶対値を測定する場合は，温度の絶対値がわかった基準点が必要になる。図 **4.20** (a) に示すように，基準点を氷と水が共存する 0°C とすれば，測定した起電力から摂氏温度を知ることができる。しかし，0°C の基準点を準備することは面倒なので，図 (b) のように，測定器入力端子部分の温度を別の温度センサで測定して，温度の絶対値を求めるようにするのが一般的である。通常の熱電対用の測定器

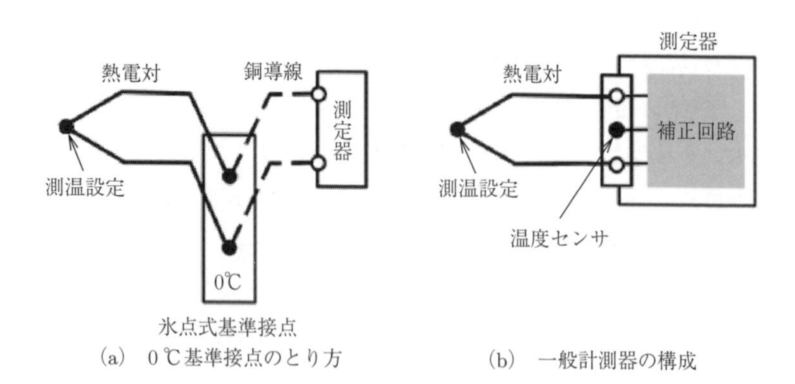

(a)　0℃基準接点のとり方　　　(b)　一般計測器の構成

図 **4.20**　熱電対を用いた温度の絶対値測定

は，こうした機能を有している。

温度が 0 K ではないすべての物体は，その温度に応じた電磁波を放射している。この電磁波を検出することで温度測定を行うのが放射温度測定法である。**黒体** (blackbody) と呼ばれる理想的な放射体の放射する電磁波の**分光放射発散度**(spectral radiant exitance)（単位面積，単位波長幅当りの放射束強度）$M(\lambda, T)$ は，プランクの法則に従って次式のようになる。

$$M(\lambda, T) = \frac{c_1}{\lambda^5} \frac{1}{\exp(c_2/\lambda T) - 1} \tag{4.12}$$

ここで λ は電磁波の波長，T は黒体の絶対温度である。c_1 と c_2 は，**放射定数** (radiation constant) と呼ばれる定数で，$c_1 = 3.74 \times 10^{-16} \mathrm{W \cdot m^2}$，$c_2 = 1.44 \times 10^{-2} \mathrm{m \cdot K}$ である。この式を用いて，いろいろな温度における分光放射発散度を計算した結果を図 **4.21** に示す。それぞれの温度における分光放射発散度を波長について積分すると，温度 T における黒体の**放射発散度** (radiant exitance)$W(T)$ が得られる。

$$W(T) = \int_0^\infty M(\lambda, T) d\lambda = \sigma T^4 \tag{4.13}$$

ここで σ は**ステファン・ボルツマン定数** (Stefan-Boltzmann constant) で，$5.67 \times 10^{-8} \mathrm{W/(m^2 \cdot K^4)}$ である。式 (4.13) は，黒体から放射される全パワー

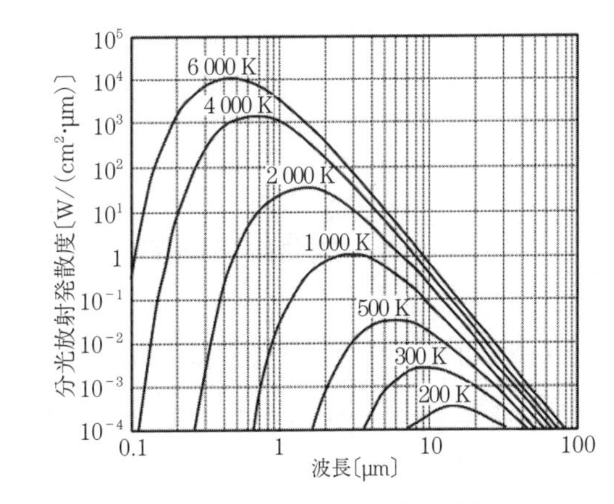

図 **4.21**　黒体の分光放射発散度

は温度の4乗に比例して増加することを示しており，全パワーを測定すれば黒体の温度がわかることになる。

実際には，全波長域の電磁波に感度を持った検出器を作ることはできないので，特定の波長域のみで測定を行うことになるが，この場合は，式(4.13)の積分範囲が限定されるだけで，積分で得られるパワーが決まれば，一意に温度を決定することができる。図4.21からわかるように，室温付近(300 K)付近では波長10 μmを中心とした赤外域に多くのパワーを放射しており，1 000 Kを超える高温では近赤外線から可視光域に多くの光を放射しているので，室温付近では赤外線センサを使って温度測定が行われ，高温領域の測定には近赤外線センサや可視光センサが用いられる。放射による温度測定で注意が必要なことは，測定対象は一般的には黒体ではなく，対象物体の放射率（黒体に対する放射束発散度の割合）を考慮した補正が必要であるということである。

放射温度測定は，接触法では測定が難しい高温物体の温度測定や遠方にある対象の温度測定に適しており，2次元の画像センサを用いて熱画像測定を行うことができる**サーモグラフィー**(thermography)も工業測定用などとして広く普及している。

熱量の測定は，断熱容器内で，比熱が既知の標準液体に被測定物体の熱量を移し，温度変化を測定する手法が一般的である。したがって，測定という意味では温度測定ということになる。また，定速昇温や定速降温を行いながら投入電力（熱量）を測定することで融解熱や相転移の潜熱を測定する示差熱分析計もある。

4.6　光，放射線の測定

光の測定は，3.2.1項と3.2.2項に述べた**量子型光電変換**(quantum photoelectric conversion)と**熱型光電変換**(thermal photoelectric conversion)を利用した光検出器を用いて行われる。

量子型光検出器の代表は3.2.1項に紹介した**フォトダイオード**(photodiode)

である。これは，光を吸収することで起電力を発生する光起電力素子である。量子型光検出器としては，これ以外に，光吸収で抵抗値が変化する光導電型素子もある。光導電型素子は，単一導電型の半導体材料に二つの電極を設けた検出器で，半導体内に光吸収で電子-正孔対が生成されると電流を運ぶ電荷の数が増え抵抗が下がる現象を利用して光検出を行うものである。

熱型光検出器は，図 3.7 に示した基本構造を有しており，温度センサとして，3.3.1 項の電気抵抗の温度依存性を利用したもの（**抵抗ボロメータ** (resistance bolometer) と呼ぶ），3.3.5 項の焦電効果を利用したもの，3.3.6 項に示したゼーベック効果を利用したものなどがある。

量子型光電変換と熱型光電変換のいずれについても，単画素のものだけでなく，画素を 1 次元または 2 次元に配列したアレイ検出器も実現されている。

放射線の測定は，気体の電離現象を利用したもの，半導体中の電子・正孔対生成現象を利用したもの，**シンチレーション** (scintillation) を利用したものがある。半導体を用いたものは，半導体光検出器と同じメカニズムで動作する検出器を用いた測定方法であるが，放射線のエネルギーは，光検出器が対象とするフォトンのエネルギーより高いので，放射線検出用に特別な素子が開発されている。電離現象を利用したものは，密閉容器内に空気，アルゴン，ヘリウムなどのガスを入れて，放射線でこれらのガスを電離させ，電離した電子とイオンを密閉容器内の電極で集め，放射線量を外部回路に電流量として取り出す。この種の放射線検出器には，**電離箱** (ionization chamber)，**比例係数管** (proportional counter)，**ガイガー・ミュラー計数管** (Geiger-Müller counter) がある。シンチレーションは，分子が放射線で励起されエネルギーの高い状態になり，これがエネルギーの低い基底状態に戻るときに放出される蛍光である。蛍光の強度は，光検出器で測定する。シンチレーションを生じる物質（**シンチレータ** (scintillator)）としては，ヨウ化ナトリウムやヨウ化セシウムなどが一般的である。

章　末　問　題

【1】 電圧源と内部抵抗が直列に接続された2端子の信号源（センサと考えてよい）がある。この信号源に関し，開放電圧を測定したところ1V，短絡電流を計測したところ0.1mAであった。この信号源について以下の問に答えよ。

(1) この信号源内の内部抵抗の値を求めよ。

(2) この信号源は，電流源と内部抵抗を用いた等価回路で表すことができる。等価回路を示せ。なお，等価回路内には，電流源の大きさ，内部抵抗の値を記すこと。

(3) この信号源が外部に出力している電圧を内部抵抗が1MΩの電圧計で計測した。電圧計の読みはいくらか。

(4) この信号源が外部に出力している電圧を電圧計で計測するとき，信号源内の電圧源と電圧計の読みの誤差が1mV以下にするために電圧計の内部抵抗が満たすべき条件を示せ。

【2】 図**4.22**の二つの回路で，図のように抵抗変化ΔRが生じた場合，電圧計に現れる電圧の大きさをE，R，ΔRで表せ。

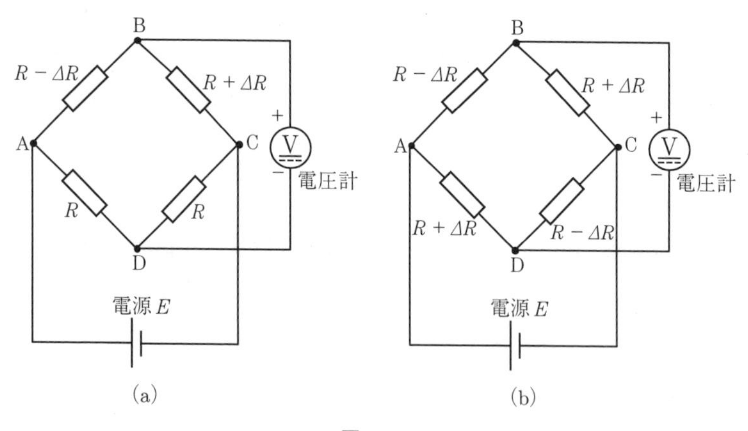

図 **4.22**

【3】 ゼーベック効果に関する式(3.50)が成り立つものとして，図4.20(a)の測定をすることで，0°Cを基準とした起電力測定ができることを示せ。

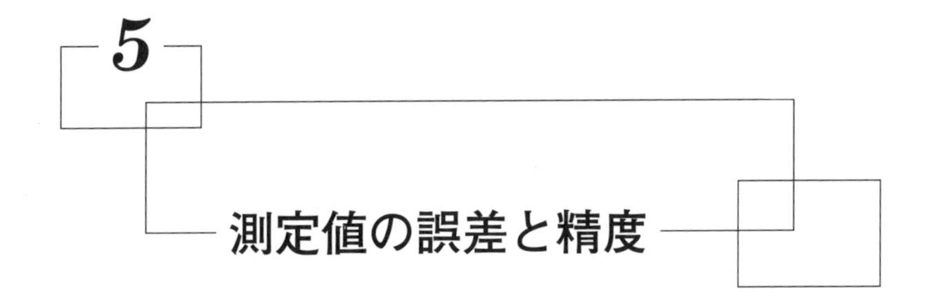

本章では，測定値の誤差分布について，その統計的性質を述べ，分布の特性値として測定値の平均と分散あるいは標準偏差を推定し，測定の精度を定量的に表現する方法を述べる。また，誤差解析の基盤となる基本的な誤差分布として正規分布を取り上げ，その性質を明らかにする。

5.1　測定値と誤差[4)]

5.1.1　真の値と誤差

測定量に理想的な正しい値のあることをわれわれは仮想する。これを**真の値** (true value) という。測定の精度をよくすることによって限りなく真の値に近づくことはできるが，通常の測定手段で求めることはできない。すなわち，測定値と真の値との間には必ず差異が生じる。測定値から真の値を引いたものを**誤差** (error) という。真の値がわからない以上，真の誤差もわからない。しかし，誤差を近似的に表現することは通常行われている。例えば真の値の代わりに，有限回の測定によって得られた測定値の集まり，すなわち**試料（標本）** (sample) から求めた**試料（標本）平均** (sample mean) に対する測定値の差，**残差** (residual) を用いて誤差を近似的に表す。

5.1.2　測定値の母集団

同じ条件で同一の測定量を繰り返し測定するとき，無限に多数の**測定値** (measured values) の集まり（集合）が考えられる。仮想的な無限に多くの測定値の集まりを測定値の**母集団** (population) という。実験により得られた試料の個々の測定値は，母集団から同じ確率でランダムに抜き取った測定値と考えられる。母集団の平均，**母平均** (population mean) は仮想的なものであり求めることはできないが，試料の相加平均である試料平均は母平均の最良の推定値となる。測定値から母平均を引いたものを**偏差** (deviation) といい，偏差の二乗の平均を**母分散** (population variance)，その平方根を**母標準偏差** (population standard deviation) という。母分散と母標準偏差の推定値については後に述べる。また，母平均から真の値を引いたものを**かたより** (bias) という。かたよりの正負の符号を反転したものが**補正** (correction) である。測定値にかたよりがあるときは，かたよりの分だけ修正を施せば正しい値を得ることができる。補正は正しい値を得るために加える数値を意味するほか，加える操作を意味することがある。かたよりの正しい値も知ることができないので推定値が用いられる。以上の用語の関係を**図 5.1** に示す。

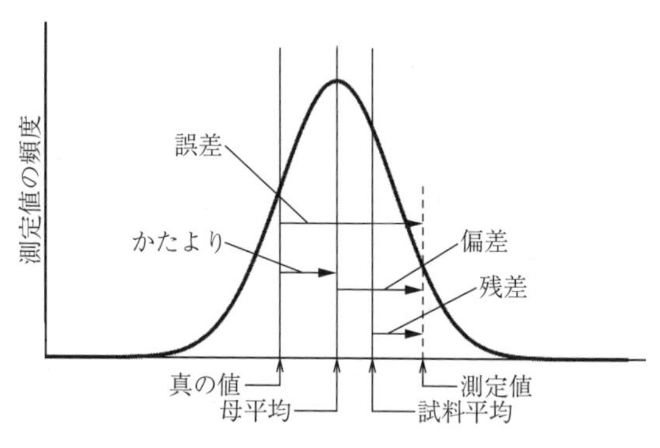

図 5.1　正確さと精密さ

5.1.3　正確さと精密さ

かたよりの少なさの程度を**正確さ** (trueness) といい，推定したかたよりの限界の値で量的に表した場合，その値を正確度という。また，測定値のばらつきの少なさの程度を**精密さ** (precision)，ばらつきを母標準偏差の推定値またはその指定した倍数で表した値を精密度，その母平均の推定値（試料平均）に対する比を精密率という。計測器が表す値または測定結果の正確さと精密さを含めた総合的な良さを**精度** (accuracy) という。

5.2 誤 差 の 種 類

5.2.1 系 統 誤 差

測定結果にかたよりを与える原因によって生じる誤差を**系統誤差** (systematic error) という。測定機器の不完全さによる誤差（**器差** (instrumental error)），温度，磁界など環境条件の変化による誤差，個人的な癖などに起因する誤差（個人誤差）などがある。系統誤差は，その要因による影響の大きさがあらかじめ分析されているか，要因の大きさが事前にわかっているならば，補正するなどの対策を講じ，除去できることが特徴である。

5.2.2 偶 然 誤 差

系統誤差をすべて取り除いたとしても，なお測定値には誤差が含まれる。同一条件で測定を繰り返すとき，測定値のばらつきとなって現れる誤差を**偶然誤差** (random error) という。測定値の平均をとることや 7 章で述べる最小二乗法は，偶然誤差を最大限除いて真の値を推定する手段である。

5.3 誤 差 の 法 則

5.3.1 誤 差 の 性 質

一定条件下で注意深く得られた測定値について，系統誤差を補正したあとの測定値に含まれる偶然誤差には，つぎの性質があることが経験的に知られている。

① 同じ大きさの正および負の誤差は同じ頻度（確率）で生じる（誤差分布の対称性）。

② 絶対値の小さい誤差の頻度は，大きい誤差の頻度より高い。

③ 絶対値の非常に大きい誤差は生じない。

これらの性質を**ガウスの誤差法則** (Gaussian law of errors) と呼ぶことがある。

5.3.2 誤差の確率分布のモデル

誤差の定量的な性質を考えるには，測定値（誤差）の度数分布について統計的な処理を適用することが有効である。十分に多数の測定を繰り返して得られた測定値の集合において，過失誤差を含むものを除き，系統誤差を補正した測定値について考える。このような測定値は主として偶然誤差によるばらつきを持つ。そして，各測定値の度数を全体の度数に対する割合で示したものは，測定値を確率変数と見た確率分布と考えられる。ガウス（C. F. Gauss, 1777–1855）は，誤差の法則と多くの測定値の平均が母平均の最も確からしい値であるとの仮定の下に，この確率分布は，（母）平均 μ，（母）分散 σ^2 を持ち，次式に示す確率密度関数 $P(x)$ で表される**正規分布** (normal distribution) $N(\mu, \sigma^2)$ となることを導いた。

$$P(x)dx = \frac{1}{\sqrt{2\pi}\sigma} \exp\left\{-\frac{1}{2}\left(\frac{x-\mu}{\sigma}\right)^2\right\} dx \tag{5.1}$$

ここで，x は測定値で，$P(x)dx$ は微小区間 $[x, x+dx]$ 内に測定値が得られる確率である。分散 σ^2 は測定値の平均を中心としたばらつきの大きさを表している。$x-\mu$ は偏差であるが，前記したように系統誤差（かたより）が除かれているとき偶然誤差を示している。誤差が正規分布をなすとみなすことができれば，よく知られた正規分布の性質を用いて，測定値から母集団の平均と分散（または標準偏差）を推定することや間接測定における測定誤差の影響を解析することが容易となる。式 (5.1) で，$t = (x-\mu)/\sigma$ として変数変換を行い，積分形式を求めると，次式に示すように，$\mu = 0$，$\sigma = 1$ の**標準正規分布** $N(0,1)$(standard normal distribution) の累積分布関数（標準正規分布関数）$\varPhi(t)$ が得られる。

$$\varPhi(t) = \frac{1}{\sqrt{2\pi}} \int_{-\infty}^{t} \exp\left(-\frac{1}{2}t^2\right) dt$$

あるいは，**誤差関数** (error function) $\mathrm{erf}\,(t) = \left(2/\sqrt{\pi}\right) \int_0^t \exp\left(-t^2\right) dt$ を用い

て表すと

$$\Phi(t) = \frac{1}{2}\left\{1 + \mathrm{erf}\left(\frac{t}{\sqrt{2}}\right)\right\} \tag{5.2}$$

となる。誤差関数の数値表は刊行されており，種々の統計解析において上式を用いて正規分布における生起確率を計算することができる。$\mu \neq 0$，$\sigma \neq 1$ の正規分布 $N(\mu, \sigma^2)$ の累積確率は，変数変換 $t = (x - \mu)/\sigma$ によって，上記の標準正規分布関数 $\Phi(t)$ から求めることができる。

5.3.3 正規分布の性質

誤差の解析において，正規分布から導かれる基本的な結果を理解しておくことは有益である。測定値 x が平均 μ，標準偏差 σ の正規分布をするとき，以下のような有用な結果を導くことができる。

(1) 測定値 x と定数 A の和 y は正規分布である。

確率変数 $y - A$ は式 (5.1) に示した正規分布に従うから，確率変数 y が，次式に示すように平均 $\mu + A$，標準偏差 σ の正規分布に従うことは明らかである。

$$\begin{aligned} P(y)dy &= \frac{1}{\sqrt{2\pi}\sigma}\exp\left\{-\frac{1}{2}\left(\frac{(y-A)-\mu}{\sigma}\right)^2\right\}d(y-A) \\ &= \frac{1}{\sqrt{2\pi}\sigma}\exp\left\{-\frac{1}{2}\left(\frac{y-(\mu+A)}{\sigma}\right)^2\right\}dy \end{aligned} \tag{5.3}$$

(2) 測定値 x と定数 B の積 y は正規分布である。

(1) と同様に，確率変数 y/B は式 (5.1) に示した正規分布に従うから，確率変数 y は，次式に示すように平均 $B\mu$，標準偏差 $B\sigma$ の正規分布に従うことは明らかである。

$$\begin{aligned} P(y)dy &= \frac{1}{\sqrt{2\pi}\sigma}\exp\left\{-\frac{1}{2}\left(\frac{(y/B)-\mu}{\sigma}\right)^2\right\}d(y/B) \\ &= \frac{1}{\sqrt{2\pi}\sigma B}\exp\left\{-\frac{1}{2}\left(\frac{y-B\mu}{B\sigma}\right)^2\right\}dy \end{aligned} \tag{5.4}$$

(3) 測定値 x と定数 A，B による線形和 $y = A + Bx$ は正規分布である。

(1)，(2) と同様に，確率変数 $(y-A)/B$ が正規分布に従うから，確率変数 y が次式に示すように平均 $A+B\mu$，標準偏差 $B\sigma$ の正規分布に従うことは明らかである。

$$\begin{aligned}P(y)dy &= \frac{1}{\sqrt{2\pi}\sigma}\exp\left\{-\frac{1}{2}\left(\frac{(y-A)/B-\mu}{\sigma}\right)^2\right\}d((y-A)/B)\\ &= \frac{1}{\sqrt{2\pi}\sigma B}\exp\left\{-\frac{1}{2}\left(\frac{y-(A+B\mu)}{B\sigma}\right)^2\right\}dy\end{aligned} \tag{5.5}$$

(4)　たがいに独立で正規分布する二つの確率変数 $x,\,y$ の和 $x+y$ は正規分布に従う（正規分布の再生性）。

まず，導出を簡略化するために，$x,\,y$ それぞれの平均 $\mu_x,\,\mu_y$ はともに 0 で，標準偏差はそれぞれ $\sigma_x(\neq 0),\,\sigma_y\ (\neq 0)$ であるとする。任意の値 $x,\,y$ が，たがいに独立に，それぞれの微小区間 $[x, x+dx]$，$[y, y+dy]$ 内で得られる確率 $P(x,\,y)\ dxdy$ は，式 (5.1) を用いて

$$\begin{aligned}&P(x,y)dxdy\\ &\quad= \frac{1}{2\pi\sigma_x\sigma_y}\exp\left[-\frac{1}{2}\left\{\left(\frac{x}{\sigma_x}\right)^2+\left(\frac{y}{\sigma_y}\right)^2\right\}\right]dxdy\\ &\quad= \frac{1}{2\pi\sigma_x\sigma_y}\exp\left[-\frac{1}{2}\left\{\frac{(x+y)^2}{\sigma_x^2+\sigma_y^2}+\frac{(\sigma_y\sigma_x^{-1}x-\sigma_x\sigma_y^{-1}y)^2}{\sigma_x^2+\sigma_y^2}\right\}\right]dxdy\end{aligned} \tag{5.6}$$

となる。ここで，変数変換

$$u = x+y, \qquad v = \frac{\sigma_y\sigma_x^{-1}x-\sigma_x\sigma_y^{-1}y}{\sqrt{\sigma_x^2+\sigma_y^2}} \tag{5.7}$$

を行うと，次式のようになる。

$$\begin{aligned}P(x,y)dxdy &= P(x(u,v),y(u,v))\,|J|\,dudv\\ &= \frac{1}{2\pi\sqrt{\sigma_x^2+\sigma_y^2}}\exp\left(-\frac{1}{2}\,\frac{u^2}{\sigma_x^2+\sigma_y^2}\right)\exp\left(-\frac{1}{2}\,v^2\right)dudv\end{aligned} \tag{5.8}$$

ここで，J はヤコビアンで

$$J = \begin{vmatrix} \dfrac{\partial x(u,v)}{\partial u} & \dfrac{\partial x(u,v)}{\partial v} \\ \dfrac{\partial y(u,v)}{\partial u} & \dfrac{\partial y(u,v)}{\partial v} \end{vmatrix} \tag{5.9}$$

と定義される行列式である。また，$|J|$ はヤコビアンの絶対値である。$x(u, v)$, $y(u, v)$ は式 (5.7) の変換式から求められ，それぞれ

$$\left. \begin{aligned} x = x(u,v) &= \frac{\sigma_x \sigma_y^{-1} u + \sqrt{\sigma_x^2 + \sigma_y^2} v}{\sigma_x \sigma_y^{-1} + \sigma_x^{-1} \sigma_y} \\ y = y(u,v) &= \frac{\sigma_x^{-1} \sigma_y u - \sqrt{\sigma_x^2 + \sigma_y^2} v}{\sigma_x \sigma_y^{-1} + \sigma_x^{-1} \sigma_y} \end{aligned} \right\} \tag{5.10}$$

である。u と v は独立に任意の値をとり得るから，任意の u の値，すなわち確率変数 x, y の和 $x+y$ を得る確率 $P(u)\ du$ は，式 (5.8) を変数 v の全域 $[-\infty, +\infty]$ にわたって積分することにより得られる。その結果，次式のように，正規分布する確率変数の和 $u(= x + y)$ も正規分布することが導かれる。

$$P(u)du = \frac{1}{2\pi \sqrt{\sigma_x^2 + \sigma_y^2}} \exp\left(-\frac{1}{2} \frac{u^2}{\sigma_x^2 + \sigma_y^2} \right) du \tag{5.11}$$

以上，確率変数 x, y の和 $u(= x + y)$ の確率分布の導出において，x, y それぞれの平均 μ_x, μ_y は 0 と仮定したが，0 でないときは，式 (5.7) で u を $u - \mu_x - \mu_y$ で置換すればよいことは明らかである。また，式 (5.11) の結果の繰返し適用により，n 個の正規分布確率変数 $x_1, x_2, \cdots, x_n$ の和も正規分布することが導かれる。

5.3.4 誤差伝播の法則

物理量 $x_1, x_2, \cdots, x_n$ を測定して，関係式

$$y = f(x_1, x_2, \cdots, x_n) \tag{5.12}$$

により物理量 y を求める間接測定において，$x_1, x_2, \cdots, x_n$ の測定誤差（偶然

誤差）がもたらす y の誤差を評価する。$x_1, x_2, \cdots, x_n$ の測定誤差 $\delta_1, \delta_2, \cdots, \delta_n$ はそれぞれ独立に正規分布し，精密な測定では十分小さいものとする。また $x_1, x_2, \cdots, x_n$ の母平均をそれぞれ $\mu_1, \mu_2, \cdots, \mu_n$ とすると，間接測定における y の測定誤差 δ_y は，関数 $f(x_1, x_2, \cdots, x_n)$ が強い非線形性を示さなければ，次式のようにテイラー級数展開の 1 次項で表すことができる。

$$\begin{aligned}\delta_y &= f(x_1, x_2, \cdots, x_n) - f(\mu_1, \mu_2, \cdots, \mu_n) \\ &= \delta_1 \cdot \left(\frac{\partial f}{\partial x_1}\right)_{\mu_1} + \delta_2 \cdot \left(\frac{\partial f}{\partial x_2}\right)_{\mu_2} + \cdots + \delta_n \cdot \left(\frac{\partial f}{\partial x_n}\right)_{\mu_n}\end{aligned} \tag{5.13}$$

ここで，$(\partial f/\partial x_i)_{\mu_i} (i = 1, 2, \cdots, n)$ は $y(= f(x_1, x_2, \cdots, x_n))$ の $x_i = \mu_i$ における偏微分係数である。5.3.3 項に述べた正規分布の再生性から，y の誤差 δ_y は正規分布し，$x_1, x_2, \cdots, x_n$ の測定値の標準偏差がそれぞれ $\sigma_{x_1}, \sigma_{x_2}, \cdots, \sigma_{x_n}$ であれば，y の標準偏差 σ_y は

$$\sigma_y = \sqrt{\left(\frac{\partial f}{\partial x_1}\right)^2 \sigma_{x_1}^2 + \left(\frac{\partial f}{\partial x_2}\right)^2 \sigma_{x_2}^2 + \cdots + \left(\frac{\partial f}{\partial x_n}\right)^2 \sigma_{x_n}^2} \tag{5.14}$$

で与えられる。これを**誤差伝播の法則** (law of error propagation) という。

特に，n 回の測定により得られる n 個の測定値の試料平均

$$y = \frac{1}{n}\sum_{i=1}^{n} x_i \tag{5.15}$$

については

$$\sigma_{x_1} = \sigma_{x_2} = \cdots = \sigma_{x_n} = \sigma \tag{5.16}$$

として，平均の標準偏差 σ_0 は

$$\sigma_0 = \frac{\sigma}{\sqrt{n}} \tag{5.17}$$

となる。このように平均を計算することにより，ばらつきの少ない精密な測定値を得ることができる。また，試料平均の母平均は測定値の母平均に等しいから，測定回数 n が十分大きいとき，試料平均は母平均 μ の良い近似値あるいは推定値となることがわかる。なお，上記の誤差伝播の法則の導出にあたって，誤

差は正規分布に従うとしたが，たがいに独立な十分小さい偶然誤差としても導出することができる。

5.4 母集団の平均と分散の推定

ある測定量について，同一条件で n 回のたがいに独立な測定を行って，n 個の測定値 $x_1, x_2, \cdots, x_n$（大きさ n の試料）を得たものとする。これらの測定値から母集団の平均と分散の推定値を得ることができる。系統誤差が除かれていれば，母平均の推定値は真の値の推定値でもある。

5.4.1 母平均と母分散の不偏推定量

母平均や母分散のような母集団の分布の特性を表す定数を**母数** (parameter) と呼ぶ。母数 θ について n 個の測定値 $x_1, x_2, \cdots, x_n$ から統計量 $\langle\theta\rangle$ を計算する際，その**期待値** (expectation) $E[\langle\theta\rangle]$ が母数 θ に等しいとき，すなわち

$$E[\langle\theta\rangle] = \theta \tag{5.18}$$

が成り立つとき，統計量 $\langle\theta\rangle$ は**不偏性** (unbiasedness) を持つという。ここで，期待値 $E[\langle\theta\rangle]$ は，統計量 $\langle\theta\rangle$ の定義関数を $g(x_1, x_2, \cdots, x_n)$ とし，同時確率密度関数を $p(x_1, x_2, \cdots, x_n)$ とすると，次式により確率変数 $\langle\theta\rangle$ の平均値を与える。

$$E[\langle\theta\rangle] = \iint \cdots \int_{-\infty}^{\infty} g(x_1, x_2, \cdots, x_n)\, p(x_1, x_2, \cdots, x_n)\, dx_1 dx_2 \cdots dx_n \tag{5.19}$$

このとき，統計量 $\langle\theta\rangle$ を**不偏推定量** (unbiased estimator)，その値を**不偏推定値** (unbiased estimate) といい，母数 θ の推定値とすることができる。

以下，母平均と母分散の不偏推定量を求める。n 個の測定値 $x_1, x_2, \cdots, x_n$ の試料平均（標本平均）M は

$$M = \frac{1}{n}\sum_{i=1}^{n} x_i \tag{5.20}$$

と定義されるが，その期待値は母平均 μ に等しく母平均の不変推定量となっていることがわかる。実際につぎのようになる。

$$E\,[M] = \frac{1}{n}E\left[\sum_{i=1}^{n} x_i\right] = \frac{1}{n}\sum_{i=1}^{n} E[x_i] = \frac{1}{n}\sum_{i=1}^{n}\mu = \mu \tag{5.21}$$

試料平均 M，母平均 μ，偏差 $e_i = x_i - \mu$ から，残差 $v_i = x_i - M$ の平方和 S は

$$S = \sum_{i=1}^{n} v_i^2 = \sum_{i=1}^{n}\{e_i - (M-\mu)\}^2 = \sum_{i=1}^{n} e_i^2 - n(M-\mu)^2 \tag{5.22}$$

期待値 $E\,[S]$ は

$$E\,[S] = E\left[\sum_{i=1}^{n} e_i^2\right] - nE\left[(M-\mu)^2\right] = (n-1)\sigma^2 \tag{5.23}$$

したがって

$$E\left[\frac{S}{n-1}\right] = \sigma^2 \tag{5.24}$$

が成立するから，母分散 σ^2 の不偏推定値（**不偏分散** (unviased variance) と呼ぶ）σ_u^2 は

$$\sigma_u^2 = \frac{\sum_{i=1}^{n} v_i^2}{n-1} \tag{5.25}$$

で与えられる。また，**不偏標準偏差** (unviased standard deviation)σ_u は

$$\sigma_u = \sqrt{\frac{\sum_{i=1}^{n} v_i^2}{n-1}} \tag{5.26}$$

で与えられる。ここで，不偏分散および不偏標準偏差は，残差の二乗和を測定値の個数 n（試料の大きさ）で除算するのではなく，$n-1$ で除算することに注意する必要がある。$n-1$ は統計学において**自由度** (degree of freedom) と呼ば

れるものである。不偏分散および不偏標準偏差の計算では，すでに n 個の測定値から計算された試料平均を用いているので，自由度が $n-1$ に減少したと考えることができる。

5.4.2 試料平均の母集団における母平均と母分散の不偏推定量

母平均 μ, 母分散 σ^2 の母集団に属するたがいに独立な n 個の測定値 $x_1, x_2, \cdots, x_n$ から計算される試料平均 M の母集団における母平均と母分散をまず求める。

母平均は，試料平均 M の期待値として，式 (5.20) を用いて式 (5.27) のように計算され，元の測定値の母集団の母平均と等しい。

$$E[M] = E\left[\frac{1}{n}\sum_{i=1}^{n} x_i\right] = \frac{1}{n}\sum_{i=1}^{n} E[x_i] = \frac{1}{n}\sum_{i=1}^{n} \mu = \mu \qquad (5.27)$$

試料平均 M の母分散は，式 (5.28) に示すように求められる。

$$E[(M-\mu)^2] = E\left[\left(\frac{1}{n}\sum_{i=1}^{n} x_i - \mu\right)^2\right] = \frac{1}{n^2}E\left[\left(\sum_{i=1}^{n}(x_i-\mu)\right)^2\right]$$
$$= \frac{\sigma^2}{n} \qquad (5.28)$$

ここで，測定値 $x_1, x_2, \cdots, x_n$ は独立であるから

$$E[(x_i-\mu)(x_j-\mu)] = 0 \qquad (i \neq j) \qquad (5.29)$$

とした。試料平均 M では母分散が小さく，かたよりのない測定値の母集団では，母平均 μ は真の値になるから，個々の測定値に比べ，試料平均はばらつきが小さく，真の値により近い値を与えることがわかる。さらに，試料平均の分散の不偏推定値は式 (5.24) から求められ，次式に示すように，n 個の測定値 $x_1, x_2, \cdots, x_n$ が属する母集団の不偏分散の $1/n$ となる。

$$E\left[\frac{S}{(n-1)n}\right] = \frac{\sigma^2}{n} \qquad (5.30)$$

このように試料平均は試料の大きさ n が大きいほど分散が小さくなり，母平均に近づく性質がある。この性質は推定量の**一致性** (consistency) といい，不偏性

とともに推定量の望ましい性質である。しかも，正規分布をする試料平均 M の分散は，不偏推定量の分散の下限値（**クラーメルとラオの下界**[7](Cramér-Rao lower bound)）に相当し，母平均の不偏推定値として分散が最小である。このような分散が最小の不偏推定量は**有効推定量** (efficient estimator) と呼ばれる。以上のことから，試料平均は母平均の推定値として不偏性，一致性および有効性を有し，測定量の**最良推定値** (best estimate) を算出するものということができる。

章　末　問　題

【1】 測定値が正規分布をするものとし母分散を σ^2 とする。m 回に分けて各回 n_i 個 $(i = 1, 2, \cdots, m)$ の測定値を取得し，それぞれ相加平均により m 個の試料平均 $M_i (i = 1, 2, \cdots, m)$ を得た。つぎの問に答えよ。

(1) m 個の試料平均 $M_i (i = 1, 2, \cdots, m)$ を加重平均し，より精密な試料平均 M を求めよ。

(2) 試料平均 M の分散を誤差の伝播法則を用いて求めよ。

【2】 5.3.4 項では，誤差伝播の法則の導出にあたって誤差は正規分布をするものと仮定したが，誤差はたがいに独立な確率変数であるとしても導けることを示せ。

【3】 ある物質の質量 x〔kg〕を 10 回測定し，つぎのような結果を得た。

20.1，22.3，18.0，11.7，19.1，21.2，32.9，18.0，19.1，17.0

測定値 32.9 が特にかけ離れて大きいので除去すべきか判断したい。そこで，測定値 x は正規分布に従うものとして測定値 32.9 の出現確率を評価し，10 回の測定で出現する回数の期待値を求め，0.5 回以下ならば除去するものとする（ショーブネの判断基準）。判断過程を示して，棄却すべきか否か答えよ。ここで，上記測定値の平均値 m_a および標準偏差 σ_m はあらかじめ求められていて，それぞれ 19.9 kg，5.4 kg とする。また，出現確率の計算に**表 5.1** の誤差関数 $\mathrm{erf}(t)$ の数値表を用いよ。ただし，$t = (x - m_a)/\sigma_m$ とする。

表 5.1　誤差関数 erf(t)

t	erf(t)	t	erf(t)	t	erf(t)	t	erf(t)
0.00	0.000 000 0	0.50	0.520 499 9	1.0	0.842 700 7	2.0	0.995 322 3
0.05	0.056 372 0	0.55	0.563 323 4	1.1	0.880 205 0	2.1	0.997 020 5
0.10	0.112 462 9	0.60	0.603 856 1	1.2	0.910 314 0	2.2	0.998 137 2
0.15	0.167 996 0	0.65	0.642 029 3	1.3	0.934 007 9	2.3	0.998 856 8
0.20	0.222 702 6	0.70	0.677 801 2	1.4	0.952 285 1	2.4	0.999 311 5
0.25	0.276 326 4	0.75	0.711 155 4	1.5	0.966 105 1	2.5	0.999 593 0
0.30	0.328 626 8	0.80	0.742 100 8	1.6	0.976 348 4	2.6	0.999 764 0
0.35	0.379 382 1	0.85	0.770 667 9	1.7	0.983 790 5	2.7	0.999 865 7
0.40	0.428 392 4	0.90	0.796 908 1	1.8	0.989 090 5	2.8	0.999 925 0
0.45	0.475 481 7	0.95	0.820 890 7	1.9	0.992 790 4	2.9	0.999 958 9

6 測定値の信頼性評価と不確かさの評価

5章では，母平均と母分散の最良の推定値をそれぞれ一つの不偏推定値として求めた。このような推定法を**点推定** (point estimation) という。本章では，最初に，これらの母数が，ある確率である区間内に含まれることを推定する**区間推定** (interval estimation) について述べる。これらの区間と確率のことをそれぞれ，その母数の**信頼区間** (confidence interval) および**信頼水準** (confidence level) という。通常，信頼水準として 95 %または 99 %をとる。次いで，上記区間推定が，偶然誤差を対象とした統計的解析による母数の位置する区間の推定であるのに対し，実用上の要請から，近年，国際的に導入されつつある，統計的解析以外の方法によって評価される測定値のばらつきの成分を加えた測定値の不確かさについて述べる。

6.1 母平均と母分散の区間推定

母平均 μ の不偏推定量である試料平均 M を次式のように定義する。

$$M = \frac{x_1 + x_2 + \cdots + x_n}{n} \tag{6.1}$$

ここで，$x_1, x_2, \cdots, x_n$ は，測定値の母集団に属するたがいに独立な n 個の測定値である。測定値が正規分布をする場合は，正規分布の再生性により試料平均も正規分布をする。以下，測定値の母集団は正規分布に従うものとして，母平均および母分散の区間推定を行う。

6.1.1　母平均 μ の信頼区間

(1)　母分散 σ^2 が既知のとき

試料平均 M が正規分布をする場合，式 (6.2) による確率変数 t を用いて，試料平均 M の確率分布を標準正規分布として式 (6.3) のように表すことができる。

$$t = \frac{M - \mu}{\sigma/\sqrt{n}} \tag{6.2}$$

$$f_N(t) = \frac{1}{\sqrt{2\pi}} \exp\left(-\frac{1}{2}t^2\right) \tag{6.3}$$

ここで，大きさ t_0 以内に t が存在する確率として信頼水準 R を定義すると，正規分布から信頼水準 R は次式のように求められる。

$$R = \int_{-t_0}^{t_0} \frac{1}{\sqrt{2\pi}} \exp\left(-\frac{1}{2}t^2\right) dt = 2\int_0^{t_0} \frac{1}{\sqrt{2\pi}} \exp\left(-\frac{1}{2}t^2\right) dt \tag{6.4}$$

逆に，通常設定される信頼水準 R の値 0.95 または 0.99 に対応する t_0 の値を正規分布の数値表を参照して求めれば，信頼水準 95 %または 99 %の下で，t は式 (6.5) が示す範囲にあるといえる。

$$-t_0 \leqq \frac{M - \mu}{\sigma/\sqrt{n}} \leqq t_0 \tag{6.5}$$

ここで，$t_0 = 1.96$（信頼水準 95 %）または 2.58（信頼水準 99 %）である。式 (6.5) を書き換えれば，

$$M - t_0\frac{\sigma}{\sqrt{n}} \leqq \mu \leqq M + t_0\frac{\sigma}{\sqrt{n}} \tag{6.6}$$

となる。この式は，一定の信頼水準 R の下で母平均 μ の信頼区間を与える。

(2)　母分散 σ^2 が未知のとき

試料平均の母分散 σ^2/n の代わりにその推定値である不偏分散を用いて，次式に示す確率変数 t を扱う。

$$t = \frac{M - \mu}{\sqrt{\dfrac{\sum(x_i - M)^2}{n(n-1)}}} \tag{6.7}$$

この確率変数 t は統計学における**スチューデント (Student) の t 分布**に従い，その確率密度関数 $f(t, \phi)$ は式 (6.8) で与えられる。図 **6.1** に t 分布のグラフを示す。

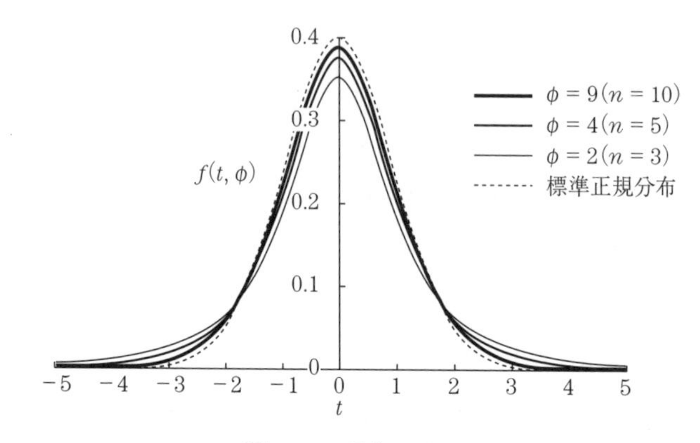

図 6.1　t 分布のグラフ

$$f(t, \phi) = \frac{\Gamma\left(\dfrac{\phi+1}{2}\right)}{\sqrt{\phi\pi}\,\Gamma\left(\dfrac{\phi}{2}\right)}\left(1+\frac{t^2}{\phi}\right)^{-\frac{\phi+1}{2}} \tag{6.8}$$

ここで，ϕ は自由度と称し，$\phi = n - 1 \geqq 1$ である。$\Gamma(x)$ は次式で表され，**ガンマ関数**と呼ばれる。

$$\Gamma(x) = \int_0^\infty e^{-t}\, t^{x-1} dt \qquad (x > 0) \tag{6.9}$$

t 分布は $\phi \to \infty$ のとき標準正規分布に収束する。

t 分布において，大きさ t_0 以内に t が存在する確率，すなわち信頼水準 R は，次式により求められる。

$$R = \int_{-t_0}^{t_0} f(t, \phi) dt = 2\int_0^{t_0} f(t, \phi) dt \tag{6.10}$$

信頼水準 R に対する t_0の 値は，$1 - R$ と自由度 ϕ の値から検索できるように，t 分布表として出版されている。$\phi = 9$ $(n = 10)$ の場合，信頼水準 $R = 0.95$ と $R = 0.99$ において，それぞれ $t_0 = 2.262$ と $t_0 = 3.250$ が対応する。t_0 の値を用いると，μ の信頼区間は，測定値 x_i，試料平均 M，試料の大きさ（測定値の個数）n に対して，次式に示すように算出できる。

$$M - t_0\sqrt{\frac{\sum(x_i - M)^2}{n(n-1)}} \leqq \mu \leqq M + t_0\sqrt{\frac{\sum(x_i - M)^2}{n(n-1)}} \tag{6.11}$$

6.1.2 母分散 σ^2 の信頼区間

母分散 σ^2 の正規分布をする n 個の測定値 x_i と，その試料平均 M について，次式により確率変数 χ^2（カイ二乗）を定義する。

$$\chi^2 = \sum_{i=1}^{n} \left(\frac{x_i - M}{\sigma} \right)^2 \tag{6.12}$$

確率変数 χ^2 は，次式で示される自由度 $\phi = n - 1$ の **χ^2 分布** $f(\chi^2, \phi)$ をすることが知られている。

$$f(\chi^2, \phi) = \frac{1}{2\Gamma\left(\dfrac{\phi}{2}\right)} \left(\frac{\chi^2}{2} \right)^{\frac{\phi}{2}-1} e^{-\frac{\chi^2}{2}} \tag{6.13}$$

図 6.2 に χ^2 分布のグラフを示す。

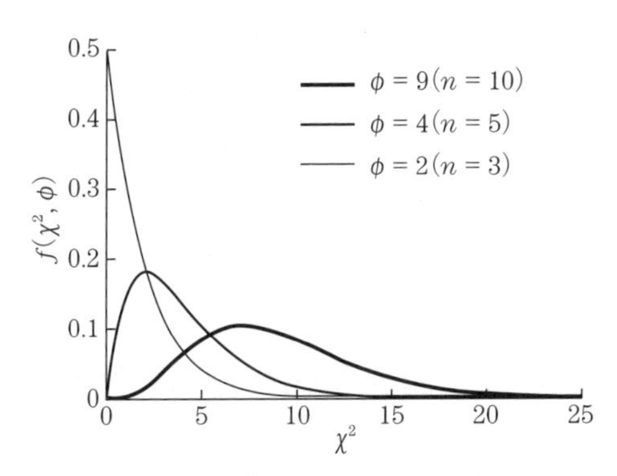

図 6.2 χ^2 分布の確率密度関数

信頼水準 R において，確率変数 χ^2 が，上下限値を ${\chi_1}^2$，${\chi_2}^2$ として範囲 ${\chi_2}^2 \leqq \chi^2 \leqq {\chi_1}^2$ に存在するものとすると，**図 6.3** を参照して，上下限値は次式から求められる。

$$\int_0^{{\chi_2}^2} f(\chi^2, \phi) d(\chi^2) = \frac{1-R}{2}, \quad \int_{{\chi_1}^2}^{\infty} f(\chi^2, \phi) d(\chi^2) = \frac{1-R}{2} \tag{6.14}$$

このとき，信頼水準 R の下で，以下の不等式が成り立つ。

$${\chi_2}^2 \leqq \frac{\sum (x_i - M)^2}{\sigma^2} \leqq {\chi_1}^2 \tag{6.15}$$

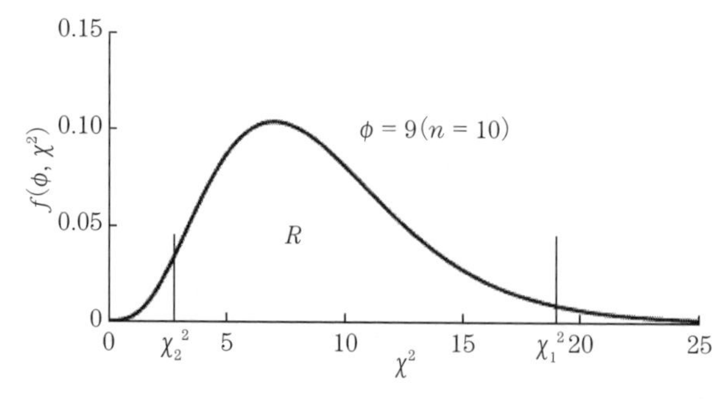

図 6.3　信頼水準 R に対する上下限値 ${\chi_1}^2, {\chi_2}^2$ の設定

書き換えれば，母分散 σ^2 の信頼区間はつぎの不等式により与えられる。

$$\frac{\sum(x_i - M)^2}{{\chi_1}^2} \leqq \sigma^2 \leqq \frac{\sum(x_i - M)^2}{{\chi_2}^2} \tag{6.16}$$

ここで指定された信頼水準 R について，上記積分の上限 ${\chi_1}^2$ と下限 ${\chi_2}^2$ を t 分布と同様に χ^2 分布表を用いて求めることができる。$\phi = 9$ $(n = 10)$ の場合，信頼水準 $R = 0.95$ における上下限 ${\chi_1}^2$, ${\chi_2}^2$ の値は，それぞれ ${\chi_1}^2 = 19.02$ および ${\chi_2}^2 = 2.70$，また信頼水準 $R = 0.99$ では ${\chi_1}^2 = 23.6$ および ${\chi_2}^2 = 1.735$ となる。

6.2　測定の不確かさの評価

不確かさ (uncertainty) は，1990 年代に入ってから利用されるようになった，測定結果の信頼性を表すための新しい尺度である。それまでは，「誤差」や「精度」といった概念が用いられてきた。しかし，技術分野や国によって，これらの使われ方がばらばらであったため，国際度量衡委員会において，測定結果の信頼性を評価し表現する方法の統一に向けた取り組みが行われた。その結果，1993 年に，計測にかかわる七つの国際機関の共同編集により国際標準化機構 (ISO) から “Guide to the Expression of Uncertainty in Measurement” (計測における不確かさの表現のガイド) [9] が発行された。このガイドは，英文タイトルの頭文字をとってしばしば GUM と呼ばれている。GUM では，「真の値」，そして測定値の真の値との差としての「誤差」といった知ることができない量から離れ，測定結果のばらつきの程度を「不確かさ」として定量的に評価するための手順を説明している。その基本的な考え方は，さまざまな不確かさ成分を，実際の測定データから直接決定するもので，標準偏差の計算という通常の統計解析による**Aタイプ評価** (Type A evaluation) と，校正済みの測定標準器，ハンドブックから得られた参考データなど，外部の情報源から測定に導入された量から標準偏差に相当する大きさを推定する**Bタイプ評価** (Type B evaluation) のどちらかの方法で求め，これらを合成することにより，全体としての不確かさを求めようというものである。不確かさは，測定結果の信頼性が重要な意味を持つさまざまな技術的，学術的文書の中で利用されるようになっており，また，ISO 9000（品質システム），ISO 17025（校正・試験機関の能力に対する一般的要求事項）などの規格の中では，その評価が必須のものとして要求されている。

測定結果には多かれ少なかれ不確かさが伴う。したがって，測定値は，その不確かさの程度が表現されて，初めて実用価値を持ち，当該測定が試験，研究等の各種業務の目的に適ったものかどうかを判断することができる。測定の不確かさの要因としては，測定対象，測定器，環境，作業者等があり，測定値の集合に対する統計解析の結果と上記要因に関する情報を総合して不確かさの推定を行う必要がある。GUM はその不確かさを推定するルールを定めている。逆に，不確かさの推定プロセスからは，トレーサブルな校正，綿密な解析，適切な記録保持，測定プロセスのチェックなどに基づく良好な業務運営が不確かさを抑える手段になることが理解できる。そして，不確かさの評価がトレーサビリティの体系の重要な根幹であり，測定の不確かさの証明を要する校正，合否判定のための試験，許容範囲の確認などの測定業務に必須であることがわかる。以下，不確かさの評価の基本的な方法について述べる。

6.2.1 測定量の関数によるモデル化

測定結果の不確かさを定量的に表現するために，測定量 Y は，一般に複数の

入力量 $X_1, X_2, \cdots, X_N$ の関数 f の出力量としてモデル化または定義され，次式のように表現される。

$$Y = f(X_1, X_2, \cdots, X_N) \tag{6.17}$$

ここでは，基本的な理解を容易にするために，入力量 $X_1, X_2, \cdots, X_N$ はたがいに独立で相関関係がない場合を扱うが，GUM では相関関係がある場合についても扱われている。また，入力量はそれ自身測定量とみなされ，系統効果に対する補正を受けているものとする。モデル関数 f は解析的関数であることも実験式であることもある。また，入力量から出力量を数値的に評価するアルゴリズムとしても定義される。入力量 $X_1, X_2, \cdots, X_N$ は，その取得プロセスの違いにより，つぎの二つのタイプに分類される。

(1)　実際の測定で直接決定される入力量：　その推定値と不確かさは，同じ測定条件で独立な繰返し観測に基づいて求められる量で，これには測定器の目盛に対する補正や周囲温度，大気圧，湿度などの環境条件に対する補正が含まれる。

(2)　当該測定の外部の情報源から導入された入力量：　その値と不確かさは，校正済みの測定標準器，認証された標準物質，あるいはハンドブックから得られた参考データなどに付随する量，以前の測定データ，材料，機器の作用および特性に関する一般的知識と経験，製造者の仕様などに基づいて求められる。

測定量 Y の**出力推定値** (output estimate) y は，入力量 $X_1, X_2, \cdots, X_N$ に対する**入力推定値** (input estimate) $x_1, x_2, \cdots, x_N$ をモデル関数 f に代入して，次式のように求められる。

$$y = f(x_1, x_2, \cdots, x_N) \tag{6.18}$$

入力推定値 $x_1, x_2, \cdots, x_N$ および出力推定値 y の不確かさは，いずれも標準偏差で表され，それぞれ**標準不確かさ** (standard uncertainty)（$u(x_i)$ で表す）および**合成標準不確かさ** (combined standard uncertainty)（$u_c(y)$ で表す）と呼ぶ。各入力推定値 x_i とその標準不確かさ $u(x_i)$ は入力量 X_i の確率分布から求められる。その確率分布には，入力量の上記二つのタイプに従って，一連の観測値 $X_{ik}(k=1, 2, \cdots, n)$ の度数分布によるもの（A タイプ評価）と，外部情報源から決定される先験的分布によるもの（B タイプ評価）とがある。出力値 y の合成標準不確かさ $u_c(y)$ は，入力推定値 $x_1, x_2, \cdots, x_N$ の標準不確かさから決定される。

6.2.2 標準不確かさの A タイプ評価

6.2.1 項の (1) のタイプに属する入力量 X_i の入力推定値 x_i は，繰返しの観測による独立な n 個の観測値 $q_{ik}(k=1, 2, \cdots, n)$ の相加平均（試料平均）として次式により求められる。

$$x_i = \frac{1}{n}\sum_{k=1}^{n} q_{ik} \tag{6.19}$$

入力推定値 x_i の標準不確かさは，平均の不偏標準偏差（GUM では平均の**実験標準偏差** (experimental standard deviation) と呼ぶ）として次式により求められる。

$$u(x_i) = \sqrt{\frac{\sum_{k=1}^{n}(q_{ik}-x_i)^2}{(n-1)n}} \tag{6.20}$$

入力量 X_i が正規分布をすれば，入力推定値 x_i は自由度 $n-1$ の t 分布（式 (6.8)）に従う。

6.2.3 標準不確かさの B タイプ評価

6.2.1 項の (2) のタイプに属する入力量 X_i の推定値と，その起こり得る変動による標準不確かさについては，入手可能なすべての外部情報に基づき科学的判断によって評価される。A タイプ評価が比較的少ない観測回数 ($n < 10$) を基にしている場合，根拠の十分ある B タイプ評価は A タイプ評価と同様に信頼することができる。代表的な評価事例を以下に示す。

(1)　単一の測定値，以前の測定値，文献に基づく参照値など，入力量 X_i に対し単一の値のみが知られている場合，これを入力推定値 x_i として採用する。標準不確かさ $u(x_i)$ が示されていれば，これを採用する。明示がなければ，不確かさのデータから計算により求める。データが利用できなければ，経験に基づき不確かさを評価する。

(2)　理論あるいは実験に基づいて，入力量 X_i に対して特定の確率分布を想定できる場合，分布に基づく期待値を入力推定値 x_i として，その標準偏差を標準不確かさ $u(x_i)$ として採用する。

(3)　入力量 X_i の値の上限 a_+ と下限 a_- のみが，測定器の製造者仕様（例えば，誤差限界としての確度），温度範囲，丸め誤差などから推定できる場合，限界内で一様な確率密度を持つ確率分布（**矩形分布** (rectangular distribution)，**図 6.4**）を想定する。図を参照して平均値を計算すると，入力推定値 x_i は

$$x_i = \frac{1}{2}(a_+ + a_-) \tag{6.21}$$

として求められる。また，標準不確かさ $u(x_i)$ は，標準偏差を計算し

$$\begin{aligned} u(x_i) &= \left\{ \frac{1}{a_+ - a_-} \int_{a_-}^{a_+} (q - x_i)^2 dq \right\}^{1/2} \\ &= \frac{1}{2\sqrt{3}}(a_+ - a_-) \end{aligned} \tag{6.22}$$

として求められる。特に，$a_+ - a_- = 2a$ として，限界値の間隔 $2a$ を用いて表せば

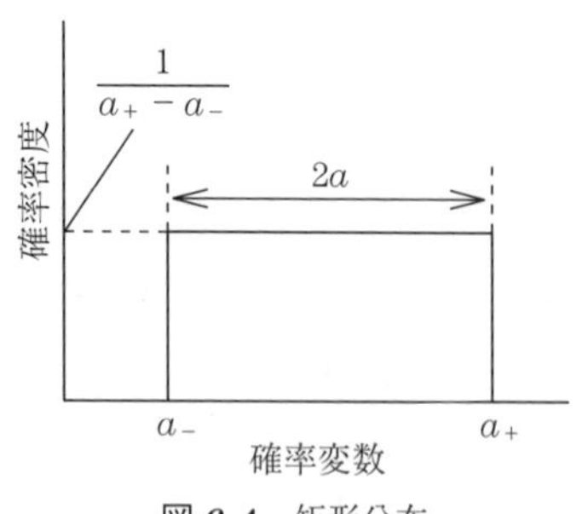

図 6.4　矩形分布

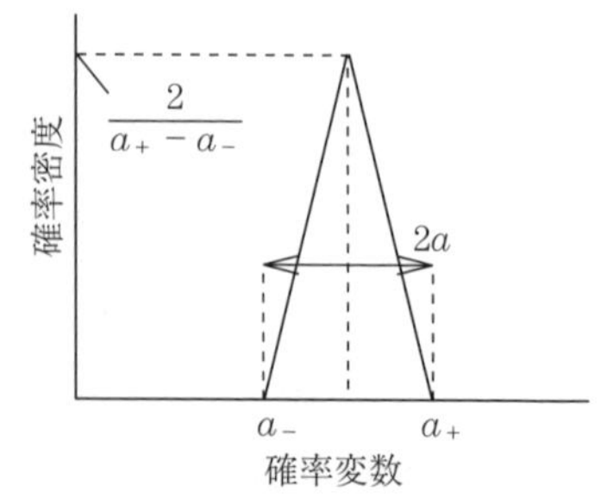

図 6.5　三角分布

$$u(x_i) = \frac{a}{\sqrt{3}} \tag{6.23}$$

となる。

限界値以外に情報がない場合には，矩形分布を想定することは妥当であるが，区間の中心付近に多く分布するものと想定される場合には，正規分布または**三角分布** (triangular distribution)（**図 6.5**）がより妥当な想定確率分布となる。三角分布では，標準不確かさ $u(x_i)$ は

$$u(x_i) = \frac{a}{\sqrt{6}} \tag{6.24}$$

となる。

(4)　製造者の仕様，校正証明書，ハンドブック等から引用され，推定値 x_i とともに，不確かさが標準偏差に一定の係数をかけたものとして記載されている場合，標準不確かさ $u(x_i)$ は引用数値をその係数で除したものとなる。

6.2.4　合成標準不確かさの評価

相関のない独立な入力量 $X_i(i = 1, 2, \cdots, N)$ の標準不確かさ $u(x_i)(i = 1, 2, \cdots, N)$ によって生じる測定量 $Y(= f(X_1, X_2, \cdots, X_N))$ の不確かさ，すなわち合成標準不確かさ $u_c(y)$ は，校正の多くの場合，$Y(= f(X_1, X_2, \cdots, X_N))$ をテイラー級数展開の 1 次項までで近似することができるので，次式のように表される。

$$u_c^2(y) = \sum_{i=1}^{N} \left[\frac{\partial f(x_1, x_2, \cdots, x_N)}{\partial x_i} \right]^2 u^2(x_i) \tag{6.25}$$

これは，**不確かさの伝播法則** (law of propagation of uncertainty) と呼ばれる。ここで

$$\begin{aligned} c_i &= \left[\frac{\partial f(x_1, x_2, \cdots, x_N)}{\partial x_i} \right] \\ &= \left[\frac{\partial f(X_1, X_2, \cdots, X_N)}{\partial X_i} \right]_{X_1 = x_1, X_2 = x_2, \cdots, X_N = x_N} \end{aligned} \tag{6.26}$$

は入力推定値 x_i の**感度係数** (sensitivity coefficient) c_i と呼ばれ，入力推定値

x_i の変動により出力推定値 y が影響を受ける度合いを示す。また感度係数 c_i は，次元の異なる入力量の不確かさを出力量の次元の不確かさに変換するための変換係数と見ることができる。

6.2.5 拡張不確かさの評価

拡張不確かさ(expanded uncertainty) U は，合成標準不確かさ $u_c(y)$ に一定の**包含係数** (coverage factor) k を乗じ，$U = ku_c(y)$ として定義されるもので，測定量 Y の分布の大部分を包含すると推定される区間を示すために，測定の結果として最良推定値 y とともに示されるものである。測定量 Y の分布を表示区間内に包含する割合，**包含確率** (coverage probability) を**信頼の水準** (level of confidence) とし，同水準の下で，最良推定値 y の周りの区間表示，$Y = y \pm U$ として示されるものである。拡張不確かさ U は，測定量の最良推定値 y を基準とした不確かさを示すもので，6.1 節で述べた測定値の集合の母数に対する区間推定とは異なるものである。そこで，拡張不確かさ U では,「信頼水準」とはいわず,「信頼の水準」と呼んで区別している。通常，信頼の水準としては 95 %，あるいは厳格な適用には 99 %が設定され，対応する包含係数 k が決定される。

包含係数 k の計算には出力量 Y の確率分布が必要である。それを求めるためには各入力量 X_i の確率分布を把握し，それらから出力量 Y の確率分布を合成する計算を実施しなければならない。しかし，取得できる情報と信頼性には限界があり，不確かさの評価手順も近似的であるから，厳密に信頼の水準の区間を求めようとすることは現実的ではない。特に，信頼の水準 99 %では確率分布の裾(すそ)部分の情報を十分把握しておく必要があり，近似的な取り扱いではそのような詳細な情報は得られない。そこで，通常，分布の大部分を含む信頼の水準をおよそ 95 %とし，正規分布の対応する包含係数 $k = 2$ について拡張不確かさ U を近似的に表現している。そして，拡張不確かさ U から合成標準不確かさ $u_c(y)$ をいつでも逆算できるように，包含係数 k を併記する方針が校正証明書等では運用上とられている。

上記の包含係数の近似的な決定法は，運用上の簡明さとともに，確率論における**中心極限定理** (central limit theorem) から，以下のことを根拠としている。

「確率変数 X が，たがいに独立な，それぞれ平均 μ_i，分散 σ_i を有する多数の確率変数 $X_i(i=1,2,\cdots,n)$ の和で表され，確率変数 X_i の分散 $\sigma_i^2(i=1,2,\cdots,n)$ のいずれも X の分散 $\sigma_X^2(=\sigma_1^2+\sigma_2^2+\cdots+\sigma_n^2)$ に比べて十分に小さい，すなわち一部が支配的でなく X の分散 σ_X^2 に同程度の寄与があるとき，確率変数 X の分布は平均 $\mu(=\mu_1+\mu_2+\cdots+\mu_n)$，分散 σ_X^2 を有する正規分布で近似できる」

確率変数 X_i の確率分布が対称で，正規分布に近いほど，少数の確率変数の和でも正規分布に近似する。非正規分布の極端な例である矩形分布であっても幅が同じ同一分布であれば，3 変数の和でもかなり正規分布に近似することが知られている。例えば, 信頼の水準 95 %に対する包含係数 k は, 矩形分布で 1.937, 正規分布で 1.960 である[7),9)]。

分散 σ_1^2, σ_2^2, $\cdots$, σ_n^2 が十分小さく同程度に分散 σ_X^2 に寄与するということは，測定の実際面では入力量間のバランスのとれた精密測定条件により達成されるものと理解される。測定の入力量の分散（標準不確かさの二乗）$\sigma_1^2,\sigma_2^2,\cdots,\sigma_n^2$ の自由度が十分大きければ，すなわち多数（例えば 10 回以上）の繰返し観測に基づく入力推定値（試料平均）では分散（標準不確かさ）は小さく，入力推定値はそれぞれ確率変数 X_1，X_2，$\cdots$，X_n として正規分布に近い分布をする（これも中心極限定理の一つ）ので，合成標準不確かさを持つ測定の出力推定値は，少ない数の入力推定値（確率変数）の和であっても正規分布によく近似し，信頼水準 95 %の包含係数の近似値として包含係数 $k=2$ を用いることができる。厳密な校正証明書においては，A タイプおよび B タイプ評価の標準不確かさの自由度など包含係数の根拠を明示することが要請される。なお，GUM[9)] の付属書 G において，正規分布の仮定が十分成り立つときは，合成標準不確かさの有効自由度を標準不確かさの自由度から評価し，有効自由度に対応する t 分布を適用して，正規分布による第一近似に比較して，より確からしい包含係数を求める方法が述べられている。しかし，正規分布の仮定がいつでも十分成り立つとは限らない。特に，信頼の水準 99 %に対応し得る仮定の成立は難しい。

6.2.6 不確かさの表記

GUM では，測定結果の数値を次の四つの方法のうちの一つで表現することが望ましいとしている[9)]。

値を報告する量は，公称 100 g の質量標準器の質量 m_s とする。また，結果を報告する文書中で u_c が定義されている場合には，括弧内の語は，簡潔のため省略することができる。

1) 「$m_s = 100.021\,47\,\mathrm{g}$，ただし，（合成標準不確かさ）$u_c = 0.35\,\mathrm{mg}$。」
2) 「$m_s = 100.021\ 47\ (35)\,\mathrm{g}$，ここで，括弧内の数は表示された結果の対応する最後の桁（下二桁）の数字で表した（合成標準不確かさ）u_c の値である。」
3) 「$m_s = 100.021\ 47\ (0.000\,35)\,\mathrm{g}$，ここで，括弧内の数は表示された結果の単位で表した（合成標準不確かさ）u_c の値である。」
4) 「$m_s = (100.021\ 47 \pm (0.000\,35)\,\mathrm{g}$，ここで，記号 ± に続く数は（合成標準不確かさ）u_c の数値であって，信頼区間ではない。」

注）　表記 4) は誤解が生まれることがあるのでできれば避けたいとしている。

6.2.7 ブロックゲージの校正における不確かさ解析

前節までに不確かさの概念に基づく測定値の信頼性評価について述べてきた。最後に，不確かさの具体的な適用について理解を深めるため，被校正ブロックゲージと標準ブロックゲージとの比較測定による校正作業を取り上げる。公開された測定事例[12)]から測定値等の有用な諸数値を一部援用し，不確かさの標準的な見積りガイド[9),13)]に沿って不確かさ解析を進め，不確かさ評価表（バジェットシートと呼ばれることがある）を作成し，校正結果を表記するまでの過程を述べる。

（1） 校正の課題　　呼び寸法 100 mm のブロックゲージ（JIS 7506，0 級）の長さを，同じ呼び寸法の標準ブロックゲージ（以下，標準器と称す）（JIS 7506，K 級）との比較により測定する。測定事例[12)]では，比較測定にブロックゲージ校正装置（Mitutoyo GBCD-100A，以下，比較測定器と称す）が用いられた。

同比較測定器は，電気マイクロメータを検出器とする2個の測定子でブロックゲージを上下から挟み長さの測定を行う2点式である。被校正ブロックゲージと標準器の長さの差（寸法差）を直接測定し，同寸法差を入力値とする間接測定により被校正ブロックゲージの長さの校正値を得る。

（2） **比較測定による校正の数学モデル**　被校正ブロックゲージと標準器の寸法差 d は，標準器の長さ l_s，被校正ブロックゲージの長さ l およびその他定数を用いると，次式により表すことができる。以下，特に明記する場合を除き，測定量とその推定値に同じ記号を用いる。

$$d = l(1+\alpha\theta) - l_s(1+\alpha_s\theta_s) \tag{6.27}$$

ここで

l： 被校正ブロックゲージの 20 °C における長さ〔mm〕

α： 被校正ブロックゲージの熱膨張係数〔°C^{-1}〕

θ： 被校正ブロックゲージの温度の基準温度 20 °C からの偏差〔°C〕

l_s： 標準器の校正成績書記載の 20 °C における長さ〔mm〕

α_s： 標準器の熱膨張係数〔°C^{-1}〕

θ_s： 標準器の温度の基準温度 20 °C からの偏差〔°C〕

を表す。測定量 l について求めると

$$l = \frac{l_s(1+\alpha_s\theta_s)+d}{1+\alpha\theta} \tag{6.28}$$

ここで，α，α_s，θ，θ_s，d の高次項を除いて近似式を得ると

$$l = l_s + d + l_s(\alpha_s\theta_s - \alpha\theta) \tag{6.29}$$

となり，さらに，被校正ブロックゲージと標準器の温度差を $\Delta\theta = \theta - \theta_s$，熱膨張係数の差を $\Delta\alpha = \alpha - \alpha_s$ と定義すると

$$l = l_s + d - l_s(\Delta\alpha\cdot\theta + \alpha_s\cdot\Delta\theta) \tag{6.30}$$

となる。ここで，l_s，d，α_s，$\Delta\alpha$，θ，$\Delta\theta$ はたがいに独立であると仮定する。

（3） 合成標準不確かさの計算式　　ここでは，広く用いられている校正方式として，同一の熱膨張係数を有する標準器と被校正ブロックゲージについて，20°C の同一環境で行われる比較測定を想定する。

入力量 l_s，d，α_s，$\Delta\alpha$，θ，$\Delta\theta$ の推定値を $\overline{l_s}$，$\bar{d}$，$\overline{\alpha_s}$，$\overline{\Delta\alpha}$，$\bar{\theta}$，$\overline{\Delta\theta}$ とすると，測定量 l の出力推定値 $\bar{l}$ は，校正式として，式 (6.30) から次式のように求められる。

$$\bar{l} = \overline{l_s} + \bar{d} \tag{6.31}$$

ここで，校正条件から $\bar{\theta} = 0$，$\overline{\Delta\theta} = 0$，$\overline{\Delta\alpha} = 0$ としたが，θ，$\Delta\theta$，$\Delta\alpha$ は，それぞれ 0 ではない不確かさを有する。θ，$\Delta\theta$，$\Delta\alpha$ それぞれの 0 からの偏差の平均値 θ_{ave}，$\Delta\theta_{ave}$，$\Delta\alpha_{ave}$ は，ばらつきとともに不確かさに含められる[13)]。$\overline{l_s}$ は標準器の校正成績書に記載されている数値で，$\bar{d}$ は繰り返し行った比較測定の試料平均である。

測定量 l の合成不確かさ $u_c(l)$ を求めるために，式 (6.30) で与えられている測定量を表すモデル関数を入力推定値の周りのテイラー級数展開の 1 次項までで近似すると，次式のようになる。

$$l - \bar{l} = (l_s - \overline{l_s}) + (d - \bar{d}) - \overline{l_s} \cdot \overline{\alpha_s} \cdot \Delta\theta \tag{6.32}$$

したがって，測定量 l の合成標準不確かさ $u_c(l)$ は，式 (6.25) より次式のように求められる。

$$u_c^2(l) = u^2(l_s) + u^2(d) + \overline{l_s}^2 \cdot \overline{\alpha_s}^2 \cdot u^2(\Delta\theta) \tag{6.33}$$

ここで

$$u(\Delta\theta) = E^{1/2}\left[\Delta\theta^2\right] = \sqrt{\Delta\theta_{ave}{}^2 + \sigma^2(\Delta\theta)} \tag{6.34}$$

ただし

$$\Delta\theta_{ave}^2 = E^2\left[\Delta\theta\right] \tag{6.35}$$

$$\sigma^2(\Delta\theta) = E\left[(\Delta\theta - \Delta\theta_{ave})^2\right] \tag{6.36}$$

である。

（4） 標準不確かさと合成標準不確かさの計算例　以下，主として測定事例[12)]を援用して，式 (6.33) に示された標準不確かさ成分の評価に必要な A タイプ評価の対象となる測定値および B タイプ評価の対象となる標準器の校正データ，JIS から得られる規格データなどの外部情報に数値を設定し，標準不確かさ成分と合成標準不確かさの計算例を示す。

(4-1) 標準器の校正の不確かさ $u(l_s)$

校正の不確かさ $u(l_{s1})$ と経年変化による不確かさ $u(l_{s2})$ からなる。光干渉測定により校正された呼び寸法 100 mm の K 級標準ブロックゲージの拡張標準不確かさ ($k=2$) が 40 nm のとき[12)]，標準不確かさ $u(l_{s1})$ は $40/2=20$ nm となる。許容寸法変化が ±45 nm/年 (JIS B 7506-1997) なので，校正周期が 1 年では，経年変化は，限界値 ±45 nm の三角分布（図 6.5，式 (6.24)）であると想定する[12)]。したがって，経年変化による標準不確かさ $u(l_{s2})$ は $45/\sqrt{6}=18$ nm となる。これら二つの要因による校正の標準不確かさ $u(l_s)$ はつぎのようになる。

$$\begin{aligned} u(l_s) &= \sqrt{u(l_{s1})^2+u(l_{s2})^2} = \sqrt{20^2+18^2} \\ &= 27\,\mathrm{nm} \end{aligned} \tag{6.37}$$

(4-2) 標準器と被校正ブロックゲージの寸法差測定の不確かさ $u(d)$

不確かさの要因として，繰返し測定の不確かさ $u(d_1)$，比較測定器の検出器感度校正の不確かさ $u(d_2)$，ディジタル出力の丸めによる不確かさ $u(d_3)$ を考慮する。

繰返し測定の不確かさ $u(d_1)$：　比較器のすでに評価されている繰返し測定の標準偏差（プールされた実験標準偏差）は 7 nm であったとすると[12)]，ブロックゲージの中央を 2 回測定して得る平均寸法差の不確かさはつぎのようになる。

$$u(d_1) = \frac{7}{\sqrt{2}} = 4.9\,\mathrm{nm} \tag{6.38}$$

検出器の感度校正の不確かさ $u(d_2)$：　±10 μm の両方向の微小段差を持つ校正用ブロックゲージについて，10 回の繰返し段差測定を行った結果，段差平均値の校正成績書記載の段差値からの偏差は ±20 nm 以内であった[12)]。偏差が限

界値 ±20 nm の矩形分布をするものとすると，校正用ブロックゲージの段差の標準不確かさが校正成績書記載データから 5 nm，校正時の 10 回の繰返し測定で得た平均値の不確かさが $7/\sqrt{10} = 2.2$ nm であることから[12]，10 μm 範囲の段差測定における検出器の不確かさ $u(d_2)$ は，次式により求められる。

$$u(d_2) = \sqrt{\left(\frac{20}{\sqrt{3}}\right)^2 + 5^2 + \left(\frac{7}{\sqrt{10}}\right)^2} = \sqrt{12^2 + 5^2 + 2.2^2} = 13\,\mathrm{nm} \tag{6.39}$$

ここで，段差測定値の偏差が検出器測定子の変位量に比例するとする場合があるが[12]，必ずしも一般的ではない[13]。ここでは例示的記述のため，変位量による補正を省略した。

ディジタル測定器出力の丸めによる不確かさ $u(d_3)$：　比較測定器の分解能は，0.01 μm であるので，ディジタル出力の丸めによる不確かさは，矩形分布を適用し

$$u(d_3) = 10 \div 2 \div \sqrt{3} = 2.9\,\mathrm{nm} \tag{6.40}$$

したがって，寸法差測定の不確かさ $u(d)$ は

$$u(d) = \sqrt{u^2(d_1) + u^2(d_2) + u^2(d_3)} = \sqrt{4.9^2 + 13^2 + 2.9^2} = 14\,\mathrm{nm} \tag{6.41}$$

となる。なお，測定点の中央位置からのずれ（半径 0.5 mm 以内）も不確かさ要因になるが[12]，標準不確かさへの寄与は 4 nm 程度であるので，記述を簡明にするため，ここでは除外した。

(4-3)　ブロックゲージの温度差の不確かさ $u(\varDelta\theta)$

温度慣らし後の両ブロックゲージの温度差は ±0.03 °C 以内であったことから[12]，矩形分布を適用し，$\varDelta\theta_{ave} = 0$ として，式 (6.34) からつぎのようになる。

$$u(\varDelta\theta) = \frac{0.03}{\sqrt{3}} = 0.017\,^\circ\mathrm{C} \tag{6.42}$$

(4-4)　合成標準不確かさ $u_c(l)$ と測定結果の報告

鋼製ブロックゲージの熱膨張係数 α_s は，JIS B 7506 により

$$\alpha_s = (11.5 \pm 1) \times 10^{-6}\,\mathrm{K}^{-1} \tag{6.43}$$

と設定できるから，平均値 $\overline{\alpha_s}$ は

$$\overline{\alpha_s} = 11.5 \times 10^{-6}\,\mathrm{K}^{-1} \tag{6.44}$$

となる。平均値 $\overline{\alpha_s}$ を，式 (6.37)，(6.41) および式 (6.42) の標準不確かさ成分の値とともに式 (6.33) に代入すると，被校正ブロックゲージの合成標準不確かさ $u_c(l)$〔nm〕は，次式のように計算される。

$$\begin{aligned} u_c(l) &= \left\{27^2 + 14^2 + (\overline{l_s} \times 10^6)^2 \times (11.5 \times 10^{-6})^2 \times 0.017^2\right\}^{1/2} \\ &= \left\{30.4^2 + (0.196 \times \overline{l_s})^2\right\}^{1/2} \end{aligned} \tag{6.45}$$

ここで，$\overline{l_s}$ の単位は mm である。$\overline{l_s}$ に呼び寸法 100 mm を代入すると，つぎのようになる。

$$u_c(l) = (30.4^2 + 19.6^2)^{1/2} = 36\,\mathrm{nm} \tag{6.46}$$

(4-5)　モデル関数の非線形項の効果について

これまでは非線形関数であるモデル関数をテイラー級数展開の 1 次項までで近似したが，2 次項の寄与を評価してみることは必要である。モデル関数を級数展開の 2 次項までで近似した場合の測定量 l の合成標準不確かさ $u_c(l)$ は，次式により与えられる。

$$\begin{aligned} u_c^2(l) = u^2(l_s) + u^2(d) + \overline{l_s}^2 \cdot \overline{\alpha_s}^2 \cdot u^2(\mathit{\Delta}\theta) + \overline{l_s}^2 \cdot u^2(\mathit{\Delta}\alpha) \cdot u^2(\theta) \\ + \overline{l_s}^2 \cdot u^2(\alpha_s) \cdot u^2(\mathit{\Delta}\theta) + \overline{\alpha_s}^2 \cdot u^2(l_s) \cdot u^2(\mathit{\Delta}\theta) \end{aligned} \tag{6.47}$$

さらに，通常，$u^2(\alpha_s)/\overline{\alpha_s}^2 \ll 1$，$u^2(l_s)/\overline{l_s}^2 \ll 1$ であるから，式 (6.47) の第 5 項と第 6 項はは第 3 項に比較して無視できるので，2 次項まで含めた合成不確かさ $u_c(l)$ は，式 (6.48) によって表すことができる。

$$u_c^2(l) = u^2(l_s) + u^2(d) + \overline{l_s}^{2} \cdot \overline{\alpha_s}^{2} \cdot u^2(\Delta\theta) + \overline{l_s}^{2} \cdot u^2(\Delta\alpha) \cdot u^2(\theta) \tag{6.48}$$

新たに算入すべき不確かさ成分は，熱膨張係数の差 $\Delta\alpha(= \alpha - \alpha_s)$ の標準不確かさ $u(\Delta\alpha)$ と，被校正ブロックゲージの温度の 20°C からの偏差 θ の標準不確かさ $u(\theta)$ である。それぞれ，つぎのように計算することができる。

標準不確かさ $u(\Delta\alpha)$：　熱膨張係数 α_s と α は等しく $(11.5 \pm 1) \times 10^{-6}\,\mathrm{K}^{-1}$ としたから，両係数に限界値 $(11.5 \pm 1) \times 10^{-6}\,\mathrm{K}^{-1}$ の矩形分布を適用すると

$$u(\Delta\alpha) = \sqrt{u^2(\alpha_s) + u^2(\alpha)} = \frac{\sqrt{2} \times 1 \times 10^{-6}}{\sqrt{3}} = 0.816 \times 10^{-6}\,\mathrm{K}^{-1} \tag{6.49}$$

標準不確かさ $u(\theta)$：　被校正ブロックゲージの温度を温度計で確認し，20 ± 0.3°C の管理幅内で校正作業を行った場合，矩形分布を適用すると

$$u(\theta) = \frac{0.3}{\sqrt{3}} = 0.173\,^\circ\mathrm{C} \tag{6.50}$$

これら 2 次項にかかわる標準不確かさを式 (6.48) に代入すると，合成不確かさ $u_c(l)$〔nm〕は，次式のように求められる。

$$\begin{aligned} u_c(l) &= \left[30.4^2 + \left(0.196 \times \overline{l_s}\right)^2 + \left\{\left(0.816 \times 10^{-6}\right) \times 0.173 \times \left(\overline{l_s} \times 10^6\right)\right\}^2\right]^{1/2} \\ &= \left\{30.4^2 + \left(0.196 \times \overline{l_s}\right)^2 + \left(0.141 \times \overline{l_s}\right)^2\right\}^{1/2} \end{aligned} \tag{6.51}$$

ここで，$\overline{l_s}$ の単位は mm であり，標準器の呼び寸法 100 mm を代入すると

$$u_c(l) = \left(30.4^2 + 19.6^2 + 14.1^2\right)^{1/2} = 39\,\mathrm{nm} \tag{6.52}$$

となる。わずか 3 nm であるが，合成標準不確かさが増している。しかし，温度の偏差 θ の標準不確かさ $u(\theta)$ が増すと 2 次項の影響が大きくなる。例えば，室

温の温度管理が $20\pm1\,°\mathrm{C}$ の場合[12)], $u(\theta)$ は $0.173\,°\mathrm{C}$ (式 (6.50)) から $0.577\,°\mathrm{C}$ に増大し，同じ呼び寸法 100 mm で，合成標準不確かさは 39 nm から 59 nm まで増大する。このように，校正の実施条件により非線形項を考慮しなければならない場合があり，注意が必要である。

(4-6) 不確かさ評価のバジェットシートと校正結果の表記

不確かさ評価の内容を一覧表にまとめたものがバジェットシートと呼ばれるものである。**表 6.1** は，上記ブロックゲージの校正におけるバジェットシートである。

表 6.1 比較測定によるブロックゲージの校正

標準不確かさの成分 $u(x_i)$	不確かさの要因	標準不確かさの成分の値	感度係数 c_i	標準不確かさ $\lvert c_i\rvert u(x_i)$〔nm〕
$u(l_s)$	標準器の 20 ℃における長さ	27 nm	1	27
$u(l_{s1})$	校正成績書（校正周期 1 年）	20 nm		
$u(l_{s2})$	経年変化 ±45 nm/年 (JIS B 7506)	18 nm		
$u(d)$	標準器と被校正ブロックゲージの寸法差測定	14 nm	1	14
$u(d_1)$	繰返し測定	4.9 nm		
$u(d_2)$	検出器の感度校正	13 nm		
$u(d_3)$	ディジタル出力の丸め	2.9 nm		
$u(\varDelta\theta)$	標準器と被校正ブロックゲージの温度差	0.017 ℃	$\overline{l_s}\cdot\overline{\alpha_s}$ $\overline{\alpha_s}=11.5\times10^{-6}\mathrm{K}^{-1}$	$19.6\times10^{-8}\times\overline{l_s}$
$u(\varDelta\alpha)u(\theta)$	標準器と被校正ブロックゲージの熱膨張係数の差 × 被校正ブロックゲージの温度の 20 ℃からの偏差	$0.816\times10^{-6}\,\mathrm{K}^{-1}\times0.173$ ℃	$\overline{l_s}$	$14.1\times10^{-8}\times\overline{l_s}$
				$u_c^2(l)=\sum\lvert c_i\rvert^2u(x_i)^2=1\,508\,\mathrm{nm}^2,\quad u_c(l)=39\,\mathrm{nm}$

校正結果は，つぎのようにまとめられる。まず，測定事例[12)]には明示されていないが，標準器の校正成績書に記載されている $20\,°\mathrm{C}$ における長さ $\overline{l_s}$（最良推定値）が，100.000 653 mm であるとすると，比較測定による両ブロックの寸法差の推定値 $\overline{d}$ が 2 回の測定の平均で 225 nm であった場合，被校正ブロックゲージの $20\,°\mathrm{C}$ における長さ l（最良推定値 $\overline{l}$ として）は，校正式 (6.31) から

$$l = 100.000\,653 + 0.000\,225 = 100.000\,878\,\mathrm{mm} \tag{6.53}$$

と計算される。そして，校正結果は，GUM にある推奨方法による報告では，6.2.6 項に述べた表記法に従って下記のように表現される。

「$l = 100.000\,878\,\mathrm{mm}$，ただし，合成標準不確かさ $u_c = 39\,\mathrm{nm}$」

また，校正証明書で要求される拡張不確かさによる表記では

「$l = 100.000\,878 \pm 0.000\,078\,\mathrm{mm}$，ただし，記号 ± に続く数字は包含係数 $k = 2$ に対する拡張不確かさである。」

と表現される。

なお，合成標準不確かさおよび拡張不確かさは，測定器の校正などの精密測定では通常有効数字二桁で表記され，測定値の母平均の最良推定値である測定結果の有効数字は，合成標準不確かさおよび拡張不確かさの有効数字の最下位の桁に合わせて表記される。

章　末　問　題

【1】 確率変数 x の値は，上限 a_+ と下限 a_- を有し，区間の中心付近に多く分布するものと想定されるので，その確率分布を三角分布と想定した。確率変数 x の平均値 $\overline{x}$ と標準偏差 σ_x を求めよ。ただし，$a_+ - a_- = 2a$ とせよ。

【2】 比較測定によるブロックゲージの校正において，校正のモデル関数をテイラー級数展開の 2 次項までで近似した場合，合成標準不確かさ $u_c(l)$ は，式 (6.33) に一つの 2 次項が加わった，式 (6.48) に示されるものとなることを導け。ただし，$u^2(\alpha_s)/\overline{\alpha_s}^2 \ll 1$，$u^2(l_s)/\overline{l_s}^2 \ll 1$ としてよい。

【3】 比較測定によるブロックゲージの校正において，被校正ブロックゲージの 20 °C からの温度偏差 θ を温度計により実測し，温度偏差 θ の平均値 $\theta_{ave} = 0.05\,{}^\circ\mathrm{C}$，標準偏差 $\sigma(\theta) = 0.01\,{}^\circ\mathrm{C}$ を得た。温度偏差の不確かさ $u(\theta)$ を求めよ。また，不確かさ $u(\theta)$ は本問で求めた値とし，その他の数値は表 6.1 のバジェットシートの値をそのまま用いて合成標準不確かさ $u_c(l)$ を再計算せよ。

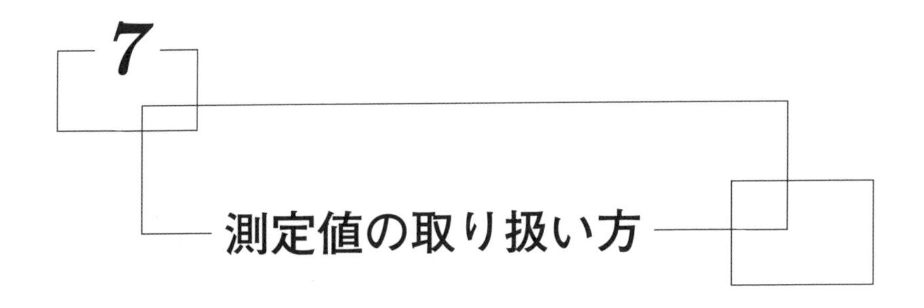

7 測定値の取り扱い方

測定の目的に応じた正確さと精密さを有する測定結果を得るためには，事前に測定計画を立て，個々の測定に要求される精度を把握しておく必要がある。また得られた結果を適切に処理し，有効な情報を見極めて過不足なく数値化しなければならない。さらには，測定データが全体として何を意味しているかを把握するために，測定結果をグラフ化することや関数表現によりモデル化することは重要である。本章では，これらの測定値の基本的な取り扱い方について述べる。

7.1　間接測定における各測定の精度の選定

7.1.1　間　接　測　定

ある量を測定するのに，別のいくつかの量を測定しそれらを組み合わせて測定結果を得る場合，その測定を間接測定という。m 個の測定値 $x_1, x_2, \cdots, x_m$ から y を求める間接測定において，それぞれの測定値の誤差（偶然誤差）を $\Delta x_1, \Delta x_2, \cdots, \Delta x_m$ とすると，これらの誤差により間接測定値 y に生じる誤差 Δy は，次式により与えられる。

$$\Delta y = \frac{\partial y}{\partial x_1}\Delta x_1 + \frac{\partial y}{\partial x_2}\Delta x_2 + \cdots + \frac{\partial y}{\partial x_n}\Delta x_m \tag{7.1}$$

また 5 章の 5.3.4 項において示した誤差伝播の法則によると，$x_1, x_2, \cdots, x_m$ のそれぞれに対して多数回の測定を行った場合の標準偏差が $\sigma_{x1}, \sigma_{x2}, \cdots, \sigma_{xm}$ であれば，算出した y の値の標準偏差 σ_y は式 (7.2) で与えられる。

$$\sigma_y = \sqrt{\left(\frac{\partial y}{\partial x_1}\right)^2 \sigma_{x1}^2 + \left(\frac{\partial y}{\partial x_2}\right)^2 \sigma_{x2}^2 + \cdots + \left(\frac{\partial y}{\partial x_m}\right)^2 \sigma_{xm}^2} \qquad (7.2)$$

例えば，底面が半径 r の円であり，高さが h である円錐（すい）の体積 V を求める場合，体積 V と測定値 r，h との間の関係は次式により与えられる。

$$V = \frac{1}{3}\pi r^2 h \qquad (7.3)$$

ここで測定値 r と h に対する誤差をそれぞれ Δr，Δh とすると

$$\Delta V = \frac{\partial V}{\partial r}\Delta r + \frac{\partial V}{\partial h}\Delta h = \frac{1}{3}\pi r(2h\Delta r + r\Delta h) \qquad (7.4)$$

となる。また r と h を多数回測定して得られた平均値をそれぞれ $\bar{r}$，$\bar{h}$，標準偏差をそれぞれ σ_r，σ_h とすると，体積 V の標準偏差 σ_v は

$$\sigma_v = \sqrt{\left(\frac{\partial V}{\partial r}\right)^2 \sigma_r^2 + \left(\frac{\partial V}{\partial h}\right)^2 \sigma_h^2} = \frac{\pi r}{3}\sqrt{4\bar{h}^2\sigma_r^2 + \bar{r}^2\sigma_h^2} \qquad (7.5)$$

で与えられる。

7.1.2 精度の選定

間接測定において，値 y を誤差 Δ^* あるいは標準偏差 σ^* の範囲で測定する課題が与えられたとする。この場合，各測定値をどのくらいの精度で測定すればよいかを決める必要があるが，一般に式 (7.1) あるいは式 (7.2) に記載の測定値 x_1，x_2，$\cdots$，x_m については，各誤差項に等分することが妥当である。すなわち，誤差の評価を式 (7.1) に準じて行う場合は

$$\frac{\partial y}{\partial x_1}\Delta x_1 = \frac{\partial y}{\partial x_2}\Delta x_2 = \cdots = \frac{\partial y}{\partial x_m}\Delta x_m = \frac{\Delta^*}{m} \qquad (7.6)$$

となるように測定することが望ましい。また，多数回の測定を想定した式 (7.2) に準じて誤差の評価を行う場合は

$$\left(\frac{\partial y}{\partial x_1}\right)^2 \sigma_{x1}^2 = \left(\frac{\partial y}{\partial x_2}\right)^2 \sigma_{x2}^2 = \cdots = \left(\frac{\partial y}{\partial x_m}\right)^2 \sigma_{xm}^2 = \frac{\sigma^{*2}}{m} \qquad (7.7)$$

となるように測定することが望ましい。

例えば前記の円錐の例では，式 (7.4) の評価基準では

$$\Delta r = \frac{3\Delta^*}{4\pi rh}, \qquad \Delta h = \frac{3\Delta^*}{2\pi r^2}$$

となり，式 (7.5) の評価基準では

$$\sigma_r = \frac{3\sqrt{2}\sigma^*}{4\pi rh}, \qquad \sigma_h = \frac{3\sqrt{2}\sigma^*}{2\pi r^2}$$

となる。ここでもし半径 r と高さ h が同程度の値である場合は，上記のいずれの評価基準においても，半径の測定に課せられている誤差を高さの測定に課せられている誤差の半分に抑えるよう求められる。また，高さ h が半径 r よりも大きい場合は，半径の測定に課せられる要求精度はさらに厳しくなる。

7.2 有効数字と計算の精度

7.2.1 有 効 数 字

測定値を表す数字のうち，0 でない最上位の桁の数字およびそれに続く最下位の桁までの数字を**有効数字** (significant figures) と呼ぶ。有効数字は，その桁数によって精度の大小が示され，桁数が多いほど精度が高い。また多くの場合，最下位の桁の数字はそれ以下の桁の数字を丸めて得られた数字である。

例えば，12.34 mm の有効数字は 4 桁であり，これをメートル単位に書き直すと 0.012 34 m となるが，0 でない最上位の桁は少数点以下第 2 位であり，有効数字はやはり 4 桁である。また，12.34 mm であるということは，小数点以下第 3 位以下の数字を丸めたもので，一般的に行われる四捨五入の丸め方式に従えば，この値は丸め以前には，12.335 mm 以上で 12.345 mm 未満であったことを表している。

有効数字の扱いにおいて，最下位桁にある 0 は重要な情報を持っている。例えば，0.12 mm と 0.120 mm では，後者が 1 桁精度がよく，後者は測定値が 0.120 5 mm 未満で，かつ 0.119 5 mm 以上であるということを示している。したがって，0.12 mm をミクロン単位で表示して，120 μm などと不用意に 0 を

つけてはならない。120 μm は，120.5 μm 未満でかつ 119.5 μm 以上であることを示すことになるからである。もしあえて 0.12 mm をミクロン単位で表示したければ，1.2×10^2 μm として，有効数字が 2 桁であることを保持しなければならない。

7.2.2 数値の丸め方

丸め (rounding) とは，数値を表す数字列の下位の桁の数を端数処理して有効数字の桁数を少なくする際に実行される操作である。JIS（日本工業規格）では，数値の丸め方に関する規格 Z 8401:1999 を制定しており，その規格では，「丸めるとは，与えられた数値を，ある一定の丸めの幅の整数倍がつくる系列の中から選んだ数値に置き換えることである。この置き換えた数値を丸めた数値と呼ぶ」と定めている。例えば，丸めの幅を 0.1 とすると，その整数倍がつくる系列は 12.1，12.2，12.3 等であり，これらの系列から数値を選ぶことになる。

具体的な丸め方としては，切り上げ，切り捨て，四捨五入，JIS における丸めなどがあるが，四捨五入や JIS における丸めがよく使われる。

(1)　四捨五入

日常的によく用いられる方法である。表記する桁の一つ下の桁の数が 5 未満なら切り捨て，5 以上なら切り上げる。

(2)　JIS における丸め

JIS では，与えられた数値に最も近い整数倍が一つしかない場合には，それを丸めた数値とすると定められている。例えば丸めの幅が 0.1 の場合，その整数倍とは 12.1，12.2，12.3，12.4 等であり，12.223 は 12.2 に，12.251 は 12.3 に丸められる。また，「与えられた数値に等しく近い，二つの隣り合う整数倍がある場合」に適用する規則の一つとして，「丸めた数値として偶数倍のほうを選ぶ」という規則（規則 A）が示されており [(注)]，これによると，「一連の測定値をこの方法で処理するとき，丸めによる誤差が最小になるという特別な利点がある」と記されている。この場合，例えば 12.25 は 12.2 と 12.3 の両方に等しく近いが，丸め幅 0.1 の偶数倍の系列に属している 12.2 に丸められる。同様に，

12.35 は 12.4 に丸められる。

(注) JIS ではもう一つの規則として,「丸めた数値として大きい整数倍のほうを選ぶ」という,四捨五入に相当する規則(規則 B)が用いられることもある,としている。

7.2.3 測定値の演算

(1) 加減算

測定値の加減算は,誤差が最大の数値の最下位の桁の一つ下の桁まででで計算を行い,その結果を丸めて上記最下位桁に合わせる。

$$例:\ 256.7 + 3.89 = 260.59 \quad \rightarrow \quad 260.6$$

なお,同じ程度の大きさの数値どうしの減算をすると桁落ちを生じる。

$$257.7 - 256.6 = 1.1$$

この例では,本来 4 桁の有効数字であったものが,演算結果は有効数字が 2 桁になってしまっている。

多数の数値の加減算を実施する場合には,注意を要する。例えば,100 g のおもりを 5 個集めた場合の合計の重さは 500 g となる。ここでおもりの 100 g を誤差まで考慮して 100 ± 0.5 g であったとすると,合計の重さは 500 ± 2.5 g となる。したがって,単純に有効数字のみを計算したのでは正しくない。

いま,n 個の物理量 y_i に対して,測定値 x_i が誤差 $\pm\varepsilon_i$ $(\varepsilon_i > 0)$ で得られたとすると

$$y_i = x_i \pm \varepsilon_i \qquad (i = 1, 2, \cdots n) \tag{7.8}$$

と表せる。n 個の物理量の加減算の結果を Y とすると

$$\begin{aligned} Y &= y_1 \pm y_2 \pm \cdots \pm y_n \\ &= x_1 \pm x_2 \pm \cdots \pm x_n \pm \varepsilon_1 \pm \varepsilon_2 \pm \cdots \pm \varepsilon_n \end{aligned} \tag{7.9}$$

となる。ここで誤差の正負はどちらが発生するか不明であるので，総合誤差 E はその最大値である各誤差の合計で見積もることとする。したがって

$$X = x_1 \pm x_2 \pm \cdots \pm x_n, \qquad E = \varepsilon_1 + \varepsilon_2 + \cdots + \varepsilon_n \tag{7.10}$$

とすると

$$Y = X \pm E \tag{7.11}$$

となる。y_i に対する測定値 x_i の加減算結果 X の有効数字を表記する場合は，式 (7.10) の総合誤差 E を求めて有効数字の桁数を決める[14)]。

(2)　乗除算

測定値の乗除算については，各数値のうちの最も有効数字の桁の少ない数値の桁に一桁加えた桁どうしで計算を行う。そして最後の結果を最も有効数字の桁の少ない桁に合わせる。

$$12.3 \times 4.897\,6 \times 0.045 \rightarrow 12.3 \times 4.90 \times 0.045 = 2.712\,15 \rightarrow 2.7$$

この場合，それぞれの有効数字をそのまま用いて計算すると答は 2.710 821 6 となるが，精度は最も有効数字の桁の少ない数値の精度で決まるので，それ以外の数値の有効数字の桁を多くして計算しても無意味である。

ここで，式 (7.8) で表される物理量の x_1 から x_m までの値の乗算と x_{m+1} から x_n までの除算の結果を Y とすると

$$\begin{aligned} Y &= \frac{y_1 y_2 \cdots y_m}{y_{m+1} y_{m+2} \cdots y_n} \\ &= \frac{(x_1 \pm \varepsilon_1)(x_2 \pm \varepsilon_2) \cdots (x_m \pm \varepsilon_m)}{(x_{m+1} \pm \varepsilon_{m+1})(x_{m+2} \pm \varepsilon_{m+2}) \cdots (x_n \pm \varepsilon_n)} \\ &= \frac{x_1(1 \pm \varepsilon_1/x_1) x_2(1 \pm \varepsilon_2/x_2) \cdots x_m(1 \pm \varepsilon_m/x_m)}{x_{m+1}(1 \pm \varepsilon_{m+1}/x_{m+1}) x_{m+2}(1 \pm \varepsilon_{m+2}/x_{m+2}) \cdots x_n(1 \pm \varepsilon_n/x_n)} \end{aligned} \tag{7.12}$$

となる。ここで，ε_i / x_i は 1 に比べて非常に小さいとすると

$$\begin{aligned} Y = {} & x_1(1 \pm \varepsilon_1/x_1) x_2(1 \pm \varepsilon_2/x_2) \cdots x_m(1 \pm \varepsilon_m/x_m) \\ & \times \frac{(1 \mp \varepsilon_{m+1}/x_{m+1})(1 \mp \varepsilon_{m+2}/x_{m+2}) \cdots (1 \mp \varepsilon_n/x_n)}{x_{m+1} x_{m+2} \cdots x_n} \end{aligned}$$

$$= x_1 x_2 \cdots x_m (1 \pm \varepsilon_1/x_1 \pm \varepsilon_2/x_2 \pm \cdots \pm \varepsilon_m/x_m)$$
$$\times \frac{(1 \mp \varepsilon_{m+1}/x_{m+1} \mp \varepsilon_{m+2}/x_{m+2} \mp \cdots \mp \varepsilon_n/x_n)}{x_{m+1} x_{m+2} \cdots x_n} \qquad (7.13)$$

となる。ここで誤差の正負はどちらが発生するか不明であるので，総合誤差 E は，その最大値である各誤差の合計で見積もることとする。したがって

$$\left.\begin{aligned} X &= \frac{x_1 x_2 \cdots x_m}{x_{m+1} x_{m+2} \cdots x_n} \\ E &= \frac{x_1 x_2 \cdots x_m}{x_{m+1} x_{m+2} \cdots x_n} \left(\frac{\varepsilon_1}{x_1} + \frac{\varepsilon_2}{x_2} \cdots + \frac{\varepsilon_n}{x_n} \right) \end{aligned}\right\} \qquad (7.14)$$

とすると，加減算のときと同様の式 (7.11) で乗除算結果 Y が表せる。

y_i に対する測定値 x_i の乗除算結果 X の有効数字を表記する場合は，式 (7.14) の総合誤差 E を求めて有効数字の桁数を決める。

以上，基本的な加減算と乗除算を例にとり，測定値の演算結果の有効数字の決定法を示した。同様に，測定誤差が十分小さく，通常，たがいに独立で正規分布をするものと見なされる場合，解析的には複雑になるが，より一般的な関数により定義される間接測定においても，各入力測定値の不確かさを評価し，不確かさの伝播法則を用いて関数の出力値の合成標準不確かさを評価することによって，測定結果の有効数字を決定することができる。この場合，関数の各入力値は繰返し測定された結果の平均値（試料平均）で，出力値の標準不確かさあるいはその定数倍（拡張不確かさ）が上記総合誤差の代わりに用いられる (6.2.5 項参照)。拡張不確かさは，測定器の校正など精密測定では通常有効数字二桁で表記され，測定値の母平均の最良推定値である測定結果の有効数字は，拡張不確かさの有効数字の最下位の桁に合わせて表記される。

7.3 測定結果の表し方

7.3.1 グ ラ フ 表 示

測定結果を表にしてまとめる代わりにグラフに表して視覚化することにより，測定値間の関係が把握し易くなる。

グラフは規則的な縦横の罫線を描いた方眼紙を用いて書き，方眼紙は用途に応じて正方方眼紙，片対数方眼紙，両対数方眼紙を使い分ける。グラフを構成する軸は，一般に測定に際して設定した変数値を横軸に，測定結果となる変数値を縦軸にとる。軸には変数の名称と単位を記載し，また適宜目盛を付ける。測定データをグラフ上に点として書き込む（プロットする）際に，異なる材料や測定条件など，測定に関する複数のデータ系列がある場合には，データ点の形状（円形や三角形など）や塗りつぶしの有無，色などを用いてたがいを区別できるようにし，またそれぞれの点が何を表しているか，表中の余白に凡例を示すようにする。また各測定の結果が繰返し測定を行った測定値の平均値（試料平均）とその標準偏差の組として取得されている場合には，試料平均のばらつきの範囲を，その標準偏差（表計算ソフトで**標準誤差** (standard error) と呼ぶことがある）により**エラーバー** (error bar) として示すことがある。なお，グラフの図番号や表題はグラフの下部に書く。正方方眼紙におけるグラフの書式を**図 7.1** に示す。またエラーバーの書き方を**図 7.2** に示す。エラーバーは，試料平均を示す点を中心として，上下にその標準偏差に等しい距離離れた位置に水平のバーを引き，二本の水平バーを線分でつないでばらつきの程度を示す。

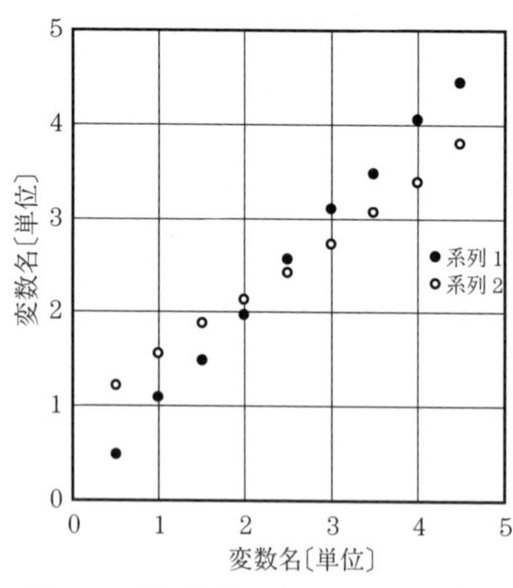

図 7.1　正方方眼紙によるグラフの書き方

図 7.2　エラーバーの書き方

測定データをそのままプロットしただけのグラフでは，データを構成する変数間の関係が直線的であるかどうかを視覚的に判断することは比較的容易であるが，変数間の関係がべき乗であるかどうかを視覚的に判断することは困難である。その場合には，変数の対数をとってグラフ化することが有効となる。

いま，次式のように変数 x と y の間に次のべき乗の関係が成り立っているとする。

$$y = ax^n \tag{7.15}$$

ここで，上式の両辺の対数をとると

$$\log y = n \log x + \log a \tag{7.16}$$

となるので

$$Y = \log y, \qquad X = \log x, \qquad C = \log a$$

とおいて，X，Y を新しい変数とすれば

$$Y = nX + C \tag{7.17}$$

として，変数間の関係が直線で表せることになる。したがって，グラフとしては，**図 7.3** に示すような縦軸・横軸がともに対数目盛となっている両対数方眼紙に点をプロットしていけばよい。

また，変数 x と y の間に

$$y = ab^x \tag{7.18}$$

なる関係がある場合は，両辺の対数をとると

$$\log y = x \log b + \log a \tag{7.19}$$

となり

$$Y = \log y, \qquad C = \log a$$

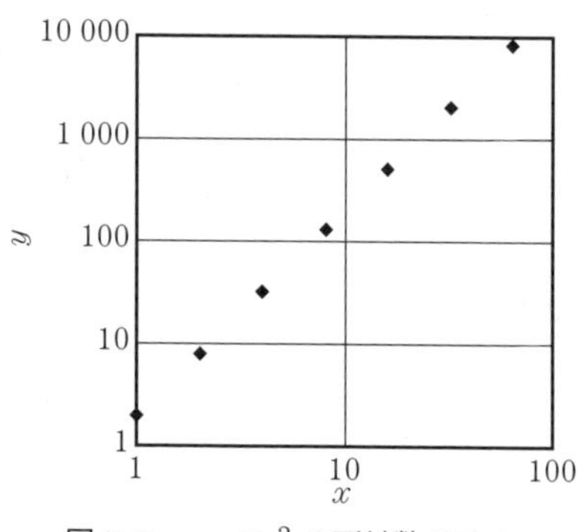

図 **7.3**　$y=2x^2$ の両対数グラフ

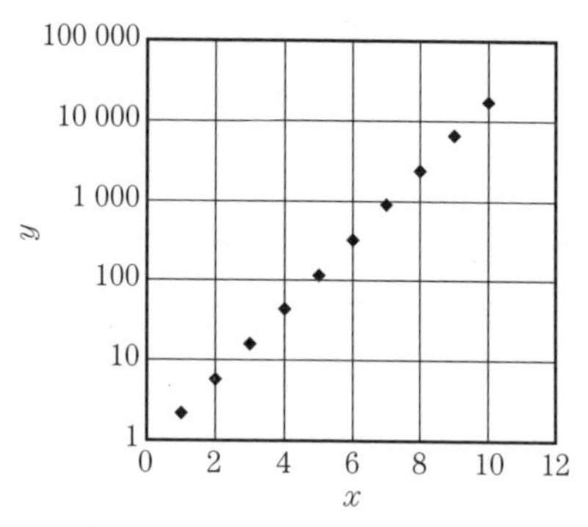

図 **7.4**　$y=0.8e^x$ の片対数グラフ

とおけば，変数 x と新しい変数 Y との間に

$$Y=(\log b)x+C \tag{7.20}$$

という線形関係が生じる。この場合は，図 **7.4** に示すような縦軸のみが対数目盛となっている片対数方眼紙に点をプロットしていけばよい。

7.3.2　グラフに対する直線や曲線の当てはめ

測定データをプロットしたグラフに対して，それぞれのデータ点を最もよく近似する直線や曲線を描くことにより，グラフに対する直線や曲線の当てはめを行う。このとき，もし理論的に通る点がわかっている場合はそこを通る直線や曲線で当てはめる。例えば，測定値に対して $y=ax$ という関係がわかっている場合は，原点 (0, 0) を通る直線でデータ点に対する当てはめを行う。なお，ここで述べている直線や曲線の当てはめは人間の目視により行っているので，厳密性に欠ける恐れがある。次節では，解析的に関数の当てはめを行う方法について述べる。

7.4　関数の当てはめ

7.4.1　最 小 二 乗 法

ある物理現象について，物理量 x と y の間の関係として関数

$$y = f(x) \tag{7.21}$$

による表現（モデル化）が期待されるものとする。この関数 $f(x)$ は複数の定数係数を含んでおり，実際の現象に当てはめるには，これらの係数を求めなければならない。係数を求めるには，物理量 x を指定して，対応する物理量 y の測定を行い，その結果を使うことになる。理想的には，係数の個数に対応した必要十分の回数の実験を行い，係数を未知数として連立方程式を解けばよいが，測定値は誤差を含んでいるので，正しい係数を求めることは不可能である。そこで誤差を含む多数の測定値を用いて，なるべく確からしい係数を求めることが必要となる。

最小二乗法 (least squares method) は，真の値を推定する関数値と測定値との差（残差）の生じる確率が正規分布をするという前提の下に，残差の二乗を全測定値にわたって合計し，その総和が最小になるように，係数の最も確からしい値を求める方法である。この方法は，測定値の組が生じる確率が最も大きくなるように，最も確からしい関数 $f(x)$ の係数を推定する方法で，**最尤**（ゆう）**法**（**最尤推定法**）(maximum likelihood method) の一つである。残差が正規分布をする測定値の組の生起確率を**尤度** (likelihood) と称し，尤度が最大になるように関数 $f(x)$ の係数を決定する。残差の二乗和が最小となるとき，尤度が最大となる。

残差 ε の正規分布確率密度関数（標準偏差 σ）を

$$P(\varepsilon) = \frac{1}{\sqrt{2\pi}\sigma} \exp\left\{-\frac{1}{2}\left(\frac{\varepsilon}{\sigma}\right)^2\right\} \tag{7.22}$$

とすると，n 組の測定値 $\{(x_i, y_i)(i = 1, 2, \cdots, n)\}$ に対する尤度 L は，$\varepsilon = y_i - f(x_i)$ として，次式のように求められる。

$$\begin{aligned} L &= \prod_{i=1}^{n} \frac{1}{\sqrt{2\pi}\sigma} \exp\left\{-\frac{1}{2}\left(\frac{y_i - f(x_i)}{\sigma}\right)^2\right\} \\ &= \frac{1}{\left(\sqrt{2\pi}\sigma\right)^n} \exp\left\{-\sum_{i=1}^{n} \frac{1}{2}\left(\frac{y_i - f(x_i)}{\sigma}\right)^2\right\} \end{aligned} \tag{7.23}$$

したがって，尤度 L を最大にする関数 $f(x)$ は，次式が示す測定値 y_i と当てはめる関数の値 $f(x_i)$ の二乗残差の総和 S を最小にするものとして求めることができる。

$$S = \sum_{i=1}^{n} \{y_i - f(x_i)\}^2 \tag{7.24}$$

(1)　直線の当てはめ

ここで簡単な例として，関数が 1 次式

$$f(x) = ax + b \tag{7.25}$$

の場合を取り上げる。この場合，S は

$$S = \sum_{i=1}^{n} (y_i - ax_i - b)^2 \tag{7.26}$$

となる。この S が最小となるような係数 a と b を求めるにあたっては，S を a，b それぞれで偏微分した値が 0 になるという必要条件を利用する。

実際に，S を a で偏微分すると

$$\frac{\partial S}{\partial a} = \frac{\partial}{\partial a} \sum_{i=1}^{n} (y_i - ax_i - b)^2 = -2 \sum_{i=1}^{n} x_i (y_i - ax_i - b) \tag{7.27}$$

となり，また S を b で偏微分すると

$$\frac{\partial S}{\partial b} = \frac{\partial}{\partial b} \sum_{i=1}^{n} (y_i - ax_i - b)^2 = -2 \sum_{i=1}^{n} (y_i - ax_i - b) \tag{7.28}$$

となる。

式 (7.27)，(7.28) のそれぞれ右辺を 0 とおいて書き換えると，連立方程式として

$$\left.\begin{aligned} \left(\sum_{i=1}^{n} x_i^2\right) a + \left(\sum_{i=1}^{n} x_i\right) b &= \sum_{i=1}^{n} x_i y_i \\ \left(\sum_{i=1}^{n} x_i\right) a + nb &= \sum_{i=1}^{n} y_i \end{aligned}\right\} \tag{7.29}$$

が得られる。この式は**正規方程式** (normal equation) と呼ばれている。

結局，未知数 a，b に対する式 (7.29) の正規方程式を解けばよいことになり，その解は

$$p = \sum_{i=1}^{n} x_i^2, \quad q = \sum_{i=1}^{n} x_i, \quad r = \sum_{i=1}^{n} x_i y_i, \quad s = \sum_{i=1}^{n} y_i \tag{7.30}$$

とおくと，下記のようになる。

$$a = \frac{nr - qs}{np - q^2}, \quad b = \frac{ps - qr}{np - q^2} \tag{7.31}$$

(2)　曲線の当てはめ

つぎに，関数 $f(x_i)$ を次式に示すような多項式とし，曲線を当てはめる場合について係数を求める。

$$f(x) = a_m x^m + a_{m-1} x^{m-1} + \cdots + a_1 x + a_0 \tag{7.32}$$

実験の回数を $n(\geqq m)$ 回とすると，この場合，二乗残差の総和は次式のようになる。

$$S = \sum_{i=1}^{n} \left\{ y_i - (a_m x_i^m + a_{m-1} x_i^{m-1} + \cdots + a_1 x + a_0) \right\}^2 \tag{7.33}$$

式 (7.33) を a_j で偏微分すると，

$$\begin{aligned} \frac{\partial S}{\partial a_j} &= \frac{\partial}{\partial a_j} \sum_{i=1}^{n} \left\{ y_i - (a_m x_i^m + a_{m-1} x_i^{m-1} + \cdots + a_1 x + a_0) \right\}^2 \\ &= -2 \sum_{i=1}^{n} x_i^j \left\{ y_i - (a_m x_i^m + a_{m-1} x_i^{m-1} + \cdots + a_1 x + a_0) \right\} \end{aligned} \tag{7.34}$$

したがって，この偏微分を 0 とおくと次式が得られる。

$$\begin{aligned} &\left(\sum_{i=1}^{n} x_i^{j+m} \right) a_m + \left(\sum_{i=1}^{n} x_i^{j+m-1} \right) a_{m-1} + \cdots \\ &\quad + \left(\sum_{i=1}^{n} x_i^{j+1} \right) a_1 + \left(\sum_{i=1}^{n} x_i^{j} \right) a_0 \\ &= \sum_{i=1}^{n} x_i^j y_i \end{aligned} \tag{7.35}$$

式 (7.35) を $j = 1 \sim m$ について連立させると，次式に示す正規方程式が得られる。この正規方程式を解くことによって，未知の係数 $a_m, a_{m-1}, \cdots, a_0$ が求まる。

$$\begin{pmatrix} \sum_{i=1}^{n} x_i^{2m} & \sum_{i=1}^{n} x_i^{2m-1} & \cdots & \sum_{i=1}^{n} x_i^{m} \\ \sum_{i=1}^{n} x_i^{2m-1} & \sum_{i=1}^{n} x_i^{2m-2} & \cdots & \sum_{i=1}^{n} x_i^{m-1} \\ \vdots & \vdots & \ddots & \vdots \\ \sum_{i=1}^{n} x_i^{m} & \sum_{i=1}^{n} x_i^{m-1} & \cdots & n \end{pmatrix} \begin{pmatrix} a_m \\ a_{m-1} \\ \vdots \\ a_0 \end{pmatrix} = \begin{pmatrix} \sum_{i=1}^{n} x_i^{m} y_i \\ \sum_{i=1}^{n} x_i^{m-1} y_i \\ \vdots \\ \sum_{i=1}^{n} y_i \end{pmatrix} \tag{7.36}$$

この他，べき乗（式 (7.15)）や指数関数（式 (7.18)）で表される曲線の当てはめについては，グラフ表示（7.3.1 項）で述べたように，関数の定義式の両辺の対数値を求め，変数変換を行うことにより，直線（式 (7.17)，(7.20)）の当てはめの問題として取り扱うことができる。

7.4.2 外れ値の処理

最小二乗法は，残差が正規分布をしていることが前提であるが，残差の生起確率が完全な正規分布でなくとも関数の当てはめが有効な場合が多い。特に，個々の測定値が十分な回数（10 回以上）の繰返し測定による試料平均である場合がこれに当たる (中心極限定理)。しかし，測定データの中に明らかに正規分布から大きく外れていると思われる測定値が混入している場合には，関数の当てはめに大きな誤差が生ずる。予想される測定値分布から明らかに外れている値を**外れ値** (outlier) と呼ぶが，**図 7.5**(a) の直線の当てはめの例に示すように，少数の外れ値の影響で，最小二乗法により当てはめられた直線にずれが生ずる。この外れ値を除外した残りの測定値に最小二乗法を適用すれば，より正確な直線の当てはめを行うことができる。図 (a) に示したデータで，外れ値を除外して直線の当てはめを行った結果を図 (b) に示す。

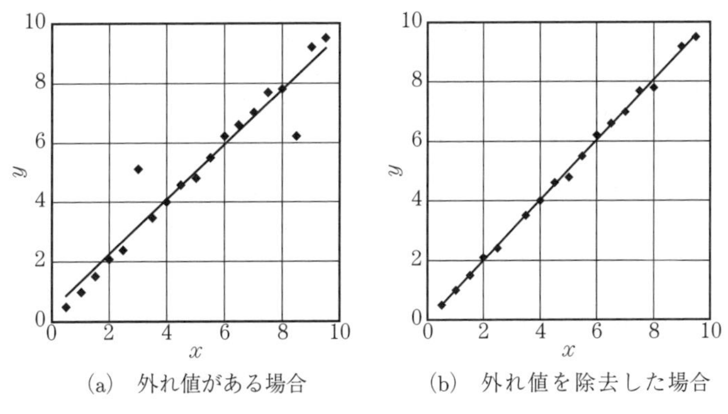

(a) 外れ値がある場合　(b) 外れ値を除去した場合

図 7.5 最小二乗法における外れ値の影響

どのデータを外れ値として測定データから除外するかは，グラフにデータをプロットした上で目視により決定することができるが，計算処理により決定する方法がある。最小二乗法の初期解からの残差が大きい測定値に対して一定の重みをつけ，重み付き最小二乗法を繰り返し適用する M 推定法[15] や，計算処理の負荷は大きいが，直線に限らず一般のモデル当てはめの問題に有効な自動的に外れ値を除外する RANSAC [16] と呼ばれる手法を適用することが可能である。

7.4.3 複数の関数を当てはめる場合

物理現象は必ずしも一つの連続関数で記述できるとは限らず，ある点を境に別の関数で記述したほうがよいこともある。また測定データが空間的な広がりを示すデータである場合，例えばロボットが視覚センサを用いて作業対象物の 3 次元計測を行う場合においては，対象物の表面は一般的に複数の面で構成されているので，測定データはそれぞれの面ごとの測定値の集合となる。**図 7.6** は角柱の断面形状を示す点列データを例示したものであり，x 軸はセンサの横軸に沿った位置座標を，y 軸はセンサに対する奥行き方向の位置座標を表している。

上記のような場合に，測定データ全体を一括して最小二乗法による関数の当

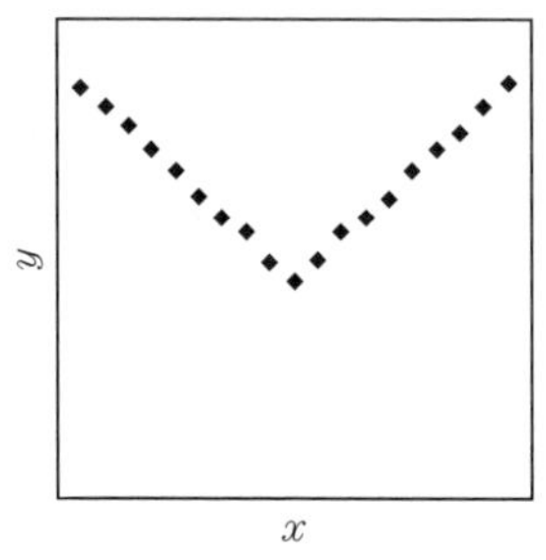

図 **7.6**　測定断面例

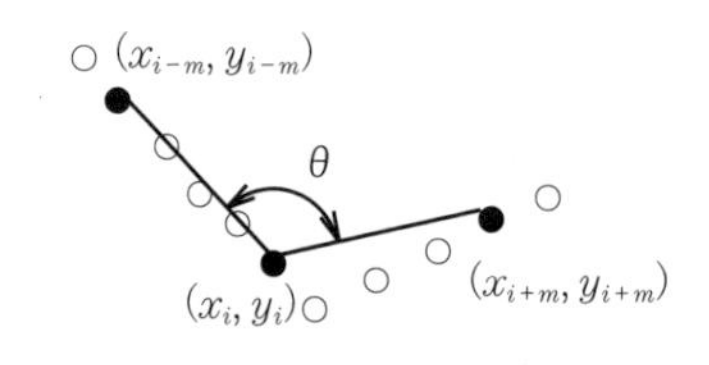

図 **7.7**　角点検出方法

てはめを行うと，誤った推定をすることになる。このような場合は，まずデータ系列が不連続となっていると思われる点を検出して，その点でデータを分割してから最小二乗法を適用する。データの不連続点の検出法としては，画像処理における角点検出の手法が利用できる。具体的な手法としては，例えばデータ点列に対して端から順に番号をつけ，着目しているデータ点 (x_i, y_i) について，そのデータ点から m 点前方のデータ点 (x_{i+m}, y_{i+m}) を結ぶ線分と，m 点後方のデータ点 (x_{i-m}, y_{i-m}) を結ぶ線分を求め，両方の線分がなす角度が小さくなる点を角点とする方法がある[17)] (図 **7.7**)。なお，実際の角点検出においては，外れ値の影響を考慮した処理が必要である。

7.4.4　ヘッセの標準形を用いた直線の当てはめ

これまでは測定結果の関数当てはめに最小二乗法を適用するにあたって，関数 $y = f(x)$ の形を前提とし，独立変数 x を与えたときに得られる測定値 y のみに誤差があるものとしてきた。しかし実際には，変数 x, y ともに測定値として誤差を有する場合もある。例えば，カメラで撮影した画像中のエッジ点列から直線を検出する場合などがこれにあたり，また前項で触れた視覚センサによる3次元計測もその例である。このような場合の対処としては，x–y 平面上の直線が下記の**ヘッセの標準形** (Hesse general form) で表せることを利用する。

$$\alpha x + \beta y + \gamma = 0 \tag{7.37}$$

ただし，α，β，γ は定数係数で

$$\alpha^2 + \beta^2 = 1 \tag{7.38}$$

である。式 (7.37) で表される直線を点集合 $(x_i, y_i)(i = 1, 2, \cdots, n)$ に当てはめる場合，残差 $\alpha x_i + \beta y_i + \gamma(i = 1, 2, \cdots, n)$ は，測定点 $(x_i, y_i)(i = 1, 2, \cdots, n)$ から当てはめるべき直線 $\alpha x + \beta y + \gamma = 0$ までの幾何学的距離 $|\alpha x_i + \beta y_i + \gamma|$ に対応している。この場合も偏差がたがいに独立で正規分布に従うものとし，最尤法を適用すると，式 (7.38) の条件の下で，つぎの残差の二乗和 $f(\alpha, \beta, \gamma)$ に最小値を与える係数 α，β，γ を求めればよい。

$$f(\alpha, \beta, \gamma) = \sum_{i=1}^{n} (\alpha x_i + \beta y_i + \gamma)^2 \tag{7.39}$$

この問題は未定乗数 λ を含む残差の二乗和

$$E = \sum_{i=1}^{n} (\alpha x_i + \beta y_i + \gamma)^2 - \lambda(\alpha^2 + \beta^2 - 1)n \tag{7.40}$$

を定義し，以下に示すように，この式の α，β，γ についての偏微分が 0 となる λ を求めることにより解くことができる（**ラグランジュの未定乗数法** (Lagrange multipliers)）。

$$\frac{\partial E}{\partial \alpha} = 2\sum_{i=1}^{n} x_i(\alpha x_i + \beta y_i + \gamma) - 2\alpha\lambda n = 0 \tag{7.41}$$

$$\frac{\partial E}{\partial \beta} = 2\sum_{i=1}^{n} y_i(\alpha x_i + \beta y_i + \gamma) - 2\beta\lambda n = 0 \tag{7.42}$$

$$\frac{\partial E}{\partial \gamma} = 2\sum_{i=1}^{n} (\alpha x_i + \beta y_i + \gamma) = 0 \tag{7.43}$$

式 (7.43) を γ について解くと，次式のようになる。

$$\gamma = -\alpha\mu_x - \beta\mu_y \tag{7.44}$$

ただし，μ_x, μ_y は，それぞれ $x_i, y_i(i = 1, 2, \cdots, n)$ の平均値である。

$$\mu_x \equiv \frac{1}{n}\sum_{i=1}^{n} x_i, \qquad \mu_y \equiv \frac{1}{n}\sum_{i=1}^{n} y_i \tag{7.45}$$

ここで式 (7.44) を式 (7.41)，(7.42) に代入すると次式が得られる。

$$\alpha\left(\frac{1}{n}\sum_{i=1}^{n}x_i^2-\mu_x^2-\lambda\right)=\beta\left(\mu_x\mu_y-\frac{1}{n}\sum_{i=1}^{n}x_iy_i\right) \tag{7.46}$$

$$\alpha\left(\mu_x\mu_y-\frac{1}{n}\sum_{i=1}^{n}x_iy_i\right)=\beta\left(\frac{1}{n}\sum_{i=1}^{n}y_i^2-\mu_y^2-\lambda\right) \tag{7.47}$$

一方，測定値の分散 σ_x^2, σ_y^2，共分散 σ_{xy} は下記のように与えられる。

$$\begin{aligned}\sigma_x^2&=\frac{1}{n}\sum_{i=1}^{n}(x_i-\mu_x)^2=\frac{1}{n}\sum_{i=1}^{n}x_i^2-\frac{2}{n}\mu_x\sum_{i=1}^{n}x_i+\frac{1}{n}\sum_{i=1}^{n}\mu_x^2\\&=\frac{1}{n}\sum_{i=1}^{n}x_i^2-\mu_x^2\end{aligned} \tag{7.48}$$

$$\begin{aligned}\sigma_y^2&=\frac{1}{n}\sum_{i=1}^{n}(y_i-\mu_i)^2=\frac{1}{n}\sum_{i=1}^{n}y_i^2-\frac{2}{n}\mu_y\sum_{i=1}^{n}y_i+\frac{1}{n}\sum_{i=1}^{n}\mu_y^2\\&=\frac{1}{n}\sum_{i=1}^{n}y_i^2-\mu_y^2\end{aligned} \tag{7.49}$$

$$\begin{aligned}\sigma_{xy}&=\frac{1}{n}\sum_{i=1}^{n}(x_i-\mu_x)(y_i-\mu_y)\\&=\frac{1}{n}\sum_{i=1}^{n}x_iy_i-\frac{1}{n}\mu_y\sum_{i=1}^{n}x_i-\frac{1}{n}\mu_x\sum_{i=1}^{n}y_i+\frac{1}{n}\sum_{i=1}^{n}\mu_x\mu_y\\&=\frac{1}{n}\sum_{i=1}^{n}x_iy_i-\mu_x\mu_y\end{aligned} \tag{7.50}$$

式 (7.46)，(7.47) に式 (7.48)，(7.49)，(7.50) を適用すると，次式が得られる。

$$\alpha(\sigma_x^2-\lambda)=-\beta\sigma_{xy} \tag{7.51}$$

$$\beta(\sigma_y^2-\lambda)=-\alpha\sigma_{xy} \tag{7.52}$$

(i)　$\sigma_{xy}\neq 0$ の場合

式 (7.51)，(7.52) が α，β について意味のある解を持つためには，式 (7.53) に示す条件が必要である。

$$(\sigma_x^2 - \lambda)(\sigma_y^2 - \lambda) - \sigma_{xy}^2 = 0 \tag{7.53}$$

式 (7.51) を λ について解くと，式 (7.52) により λ の候補が得られる。

$$\lambda = \frac{\sigma_x^2 + \sigma_y^2 \pm \sqrt{(\sigma_x^2 - \sigma_y^2)^2 + 4\sigma_{xy}^2}}{2} \tag{7.54}$$

さらに，式 (7.51) の両辺に α をかけて次式を得る。

$$\alpha^2(\sigma_x^2 - \lambda) = -\alpha\beta\sigma_{xy} \tag{7.55}$$

上式において，$\sigma_{xy} > 0$ のときは x と y の測定値は正の相関を有し，当てはめるべき直線の傾きは正となり，式 (7.37) で表される直線においては $\alpha\beta < 0$ となる。一方，$\sigma_{xy} < 0$ のときは x と y の測定値は負の相関を有し，近似直線の傾きは負となり，式 (7.37) で表される直線においては $\alpha\beta > 0$ となる。したがって，いずれの場合も式 (7.55) の右辺は正となり，よってつぎの関係が得られる。

$$\lambda < \sigma_x^2 \tag{7.56}$$

同様に，式 (7.52) からつぎの関係が得られる。

$$\lambda < \sigma_y^2 \tag{7.57}$$

式 (7.56)，(7.57) の条件を満たす λ は，式 (7.54) における複号のうち，負の符号の場合に限られ，次式により与えられる。

$$\lambda = \frac{\sigma_x^2 + \sigma_y^2 - \sqrt{(\sigma_x^2 - \sigma_y^2)^2 + 4\sigma_{xy}^2}}{2} \tag{7.58}$$

式 (7.38) と式 (7.51) について α，β を求めると

$$\alpha = \pm\frac{\sigma_{xy}}{\sqrt{\sigma_{xy}^2 + (\sigma_x^2 - \lambda)^2}} \tag{7.59}$$

$$\beta = \mp\frac{\sigma_x^2 - \lambda}{\sqrt{\sigma_{xy}^2 + (\sigma_x^2 - \lambda)^2}} \tag{7.60}$$

となり，γ については，式 (7.44) に式 (7.59)，(7.60) を代入して次式のように求められる。

$$\gamma = \pm \frac{\mu_x \sigma_{xy} - \mu_y(\sigma_x^2 - \lambda)}{\sqrt{\sigma_{xy}^2 + (\sigma_x^2 - \lambda)^2}} \tag{7.61}$$

(ii)　$\sigma_{xy} = 0$ の場合

式 (7.51)，(7.52) から

$$\alpha(\sigma_x^2 - \lambda) = 0 \tag{7.62}$$

$$\beta(\sigma_y^2 - \lambda) = 0 \tag{7.63}$$

となる。ここで，$\sigma_x^2 = \sigma_y^2$ の場合は，α, β の値は定まらない，すなわち直線が定まらないから，$\sigma_x^2 \neq \sigma_y^2$ の場合について解を求める。このとき，式 (7.62) が成り立つのは，$\alpha = 0$ または $\sigma_x^2 - \lambda = 0$ の場合である。

(ii-1)　$\alpha = 0$ の場合

式 (7.38)，(7.44) より，$\beta = \pm 1, \gamma = \mp \mu_y$ となる。残差の二乗和 $f(\alpha, \beta, \gamma)$ の最小値は式 (7.39) より

$$f(0, \pm 1, \mp \mu_y) = \sum_{i=1}^{n} (y_i - \mu_y)^2 = n\sigma_y^2 \tag{7.64}$$

となる。

(ii-2)　$\sigma_x^2 - \lambda = 0$ の場合

$\sigma_y^2 - \lambda \neq 0$ $(\sigma_x^2 \neq \sigma_y^2)$ であるから，式 (7.63) より $\beta = 0$ となる。したがって $\alpha = \pm 1$ となり，式 (7.44) より $\gamma = \mp \mu_x$ となる。よって式 (7.39) より，残差の二乗和 $f(\alpha, \beta, \gamma)$ の最小値は

$$f(\pm 1, 0, \mp \mu_x) = \sum_{i=1}^{n} (x_i - \mu_x)^2 = n\sigma_x^2 \tag{7.65}$$

となる。

以上より，残差の二乗和 $f(\alpha, \beta, \gamma)$ の最小値が小さいほうを選択して，求める直線は，$\sigma_x^2 < \sigma_y^2$ のとき

$$x = \mu_x \tag{7.66}$$

$\sigma_x^2 > \sigma_y^2$ のとき

$$y = \mu_y \tag{7.67}$$

となる。

章　末　問　題

【1】 密度 ρ の材料からなる長さ L の太さ一様な棒について，ヤング率 E は固有縦振動数（基本モード）f を測定することにより，理論式 $E = 4\rho L^2 f^2$ を用いて，間接測定により求めることができる。固有縦振動数 f，密度 ρ および長さ L の測定値の精密率（標準偏差の試料平均に対する比）が，それぞれ $\sigma_f/f_o, \sigma_\rho/\rho_o$ および σ_L/L_o であるとき，ヤング率 E の測定値の精密率はいくらと評価されるか。ただし，σ_f, σ_ρ および σ_L は，それぞれ固有縦振動数 f，密度 ρ および長さ L の測定値の標準偏差であり，f_o, ρ_o および L_o は，それぞれ固有縦振動数 f，密度 ρ および長さ L の測定値の試料平均である。また，ヤング率 E を精密率 5×10^{-3} で測定するためには，固有縦振動数 f，密度 ρ および長さ L の各測定をどれほどの精密率で実施すれば十分か答えよ。

【2】 除算減算式 $375.8 \div (130.5 - 105.3)$ について，総合誤差を評価して有効数字により計算結果を答えよ。ただし，上式の個々の数値は四捨五入により得た値である。

【3】 m 個の独立変数 $x^{(1)}, x^{(2)}, \cdots, x^{(m)}$ の 1 次式

$$y = a^{(1)}x^{(1)} + a^{(2)}x^{(2)} + \cdots + a^{(m)}x^{(m)}$$

で表せる物理量 y について測定を行った。得られた n 組のデータ $(x_i^{(j)}, y_i)(i = 1, 2, \cdots, n)(j = 1, 2, \cdots, m)$ から最小二乗法により係数 $a^{(1)}, a^{(2)}, \cdots, a^{(m)}$ を求める方程式を導け。

引用・参考文献

1〜2 章

1) 日本機械学会編：機械工学便覧 応用編，B3 計測と制御 (1986)
2) 真島正市，磯部　孝：計測法通論，東京大学出版会 (1974)
3) 独立行政法人 産業技術総合研究所：きちんとわかる計量標準，白日社 (2007)
4) 日本工業規格 計測用語 JIS Z 8103:2019
5) 国際単位系（SI）第 9 版 (2019) 日本語版

5〜6 章

6) 野口尚一監修，川元修三著：工業計測，応用機械工学全書 11，森北出版 (1972)
7) A. Papoulis and S.U. Pillai：Probability, Random Variables, and Stochastic Processes, fourth edition, McGraw-Hill, New York (2002)
8) John R. Taylor 著，林　茂雄，馬場　凉訳：計測における誤差解析入門，東京化学同人 (2000)
原著　An Introduction to Error Analysis, second edition, University Science Books (1997)
9) 飯塚幸三監修，計量研究所 GUM 翻訳委員会編：ISO 国際文書 計測における不確かさの表現のガイド，日本規格協会 (1996)
原著　ISO：Guide to the Expression of Uncertainty in Measurement, first edition, 1993, corrected edition (1995)
10) 独立行政法人 製品評価技術基盤機構認定センター：JCSS 校正方法と不確かさに関する表現 第 6 版，JCG 200-06 (2011)
11) 今井秀孝編：計測の信頼性評価 — トレーサビリティと不確かさ解析，日本規格協会 (1996)
12) 首藤俊二：ブロックゲージ比較測定における不確かさ，精密工学会誌，65 巻，7 号，pp.949-952 (1999)
13) 独立行政法人 製品評価技術基盤機構認定センター：JCSS 不確かさ見積もりに関するガイド　ブロックゲージ 第 5 版，JCG 201S31–05 (2011)

7 章

14) 土屋喜一編：大学課程 計測工学 第 2 版，オーム社 (1983)

15) 中川　徹，小柳義夫：最小二乗法による実験データ解析—プログラム SALS，東京大学出版会 (1982)
16) M.A. Fischler and R.C. Bolles：Random Sample Consensus: A Paradigm for Model Fitting with Applications to Image Analysis and Automated Cartography, Communications of the ACM, Vol.24, No.6, pp.381-395 (1981)
17) ディジタル画像処理編集委員会監修：ディジタル画像処理，CG-ARTS 協会 (2006)

章末問題解答

1章

【1】 略。

【2】 測定量（例えば荷重）によって測定系（ばね秤）においてなされる仕事量（ばねに蓄えられたエネルギー）により測定系に現れる状態の偏位（ばねの伸び）を測定出力として指示するため，指示の正しさは測定系の安定性（ばね定数の安定性）に依存する。偏位法はこのような短所を有するが，零位法に比べフィードバックループがないため測定動作は高速で，測定系の構造が比較的簡素であるという長所があるので，測定の目的により零位法と使い分けられている。

【3】 最小の測定単位が 0.05 mm であるから，読取り誤差は ±0.025 mm の範囲とすることができる。

2章

【1】 現象，物体または物質の持つ，定性的に区別でき，かつ定量的に決定できる属性を「量」といい，たがいに異なる量は，それぞれ異なる次元を持つという。単位とは，量を定量的に表現するための同じ次元を持つ基準量のことをいう。

【2】 弾性変形するばねの荷重 F〔N〕と変位 x〔m〕の関係は，ばね定数 k を用いて $F = kx$ と表される。したがって，ばね定数 k の組立単位は，$k = F/x$ から，N/m として求められる。

【3】 ソレノイドコイルに鎖交する磁束 $\varPhi$〔Wb〕に変化があるとき，電磁誘導の法則によりコイルの一巻数当りの誘導起電力 E〔V〕は，時間変数 t に関する微分係数 $d\varPhi/dt$ を用いて

$$E = -\frac{d\varPhi}{dt}$$

と表される。したがって，$\varPhi$〔Wb〕$= \varPhi$〔V·s〕，すなわち 1 Wb = 1 V·s の関係が成立するから，磁束の単位 Wb は，基本単位からの組立単位 V·s として表すことができる。

3章

【1】 式 (3.25) を用いて計算する。光検出器の場合，波長を μm，エネルギーを eV

の単位で表すことが便利で，この単位系を用いると式 (3.25) は

$$\lambda_c = \frac{1.24}{E_g(eV)} \qquad [\mu\mathrm{m}]$$

となる。この式を使って，Si, Ge および InSb のカットオフ波長 1.1 μm, 1.9 μm, 5.4 μm が得られる。

【2】 検出器の放射率を 1（入射するすべての光エネルギーを熱に変換する）と考えると，熱バランスの式は

$$C_D \frac{d(\Delta T)}{dt} = P_{IN} - G_T \cdot \Delta T$$

となる。交流的に変化する赤外線入射エネルギーを

$$P_{IN} = P_0\, e^{j\omega t}$$

で表す。ここで，P_0 は振幅，ω は角周波数，$j^2 = -1$ である。この P_{IN} を熱バランスの式に代入して ΔT について解くと

$$\Delta T = \frac{P_0\, e^{j\omega t}}{G_T + j\omega\, C_D}$$

ΔT の絶対値を求めると

$$|\Delta T| = \frac{P_0}{G_T(1 + \omega^2 {\tau_T}^2)^{1/2}}$$

となる。τ_T は，熱コンダクタンスと熱容量で決まる熱時定数である。$\omega \ll \tau_T^{-1}$ のときは

$$|\Delta T| = \frac{P_0}{G_T}$$

となる。ΔT は角周波数に依存せず一定であり，$\omega \gg \tau_T^{-1}$ のときは

$$|\Delta T| = \frac{P_0}{C_D} \frac{1}{\omega}$$

となり，ΔT は角周波数の増大とともに小さくなる。

【3】 式 (3.38) より，距離分解能 ΔR として，必要な時間分解能 ΔT は

$$\Delta T = \frac{2\Delta R}{C} = \frac{2 \times 30 \times 10^{-2}}{3 \times 10^8} = 2 \times 10^{-9}$$

となる。したがって，少なくとも 2 ns の時間分解能が必要。

4章

【1】 (1) 信号源の内部抵抗は

$$R_S = \frac{1}{0.1 \times 10^{-3}} = 10^4$$

で 10 kΩ となる。

(2) テブナンとノートンの定理の等価回路の変換であるので，**解図 4.1** のようになる。

0.1 mA　10 kΩ

解図 4.1

(3) 電圧計の読みは

$$V_M = \frac{1}{10^6 + 10^4} \times 10^6 = 0.990$$

で 0.990 となる。

(4) 電圧計の内部抵抗を R_M とすると

$$V_M = \frac{1}{R_M + 10^4} \times R_M \geqq 0.999$$

$$R_M \geqq 9.99 \times 10^6$$

したがって，$R_M \geqq 9.99\,\mathrm{M\Omega}$ となる。

【2】 (a) の場合

$$V = \frac{E(R+\Delta R)}{(R-\Delta R)+(R+\Delta R)} - \frac{ER}{R+R} = \frac{\Delta R}{2R}E$$

(b) の場合

$$V = \frac{E(R+\Delta R)}{(R-\Delta R)+(R+\Delta R)} - \frac{E(R-\Delta R)}{(R+\Delta R)+(R-\Delta R)} = \frac{\Delta R}{R}E$$

【3】 二つの熱電対材料のゼーベック係数を α_A，α_B とし，銅導線のゼーベック係数を α_C とする。測定温度を T_M〔°C〕，計測器の温度を T_0〔°C〕とすると，計測される電圧 V は以下のようになり，0 °C を基準にした電圧（T_M に比例する電圧）が得られる。

$$V = \alpha_C(T_0 - 0) + \alpha_B(0 - T_M) + \alpha_A(T_M - 0) + \alpha_C(0 - T_0) = (\alpha_A - \alpha_B)T_M$$

5章

【1】 (1) m 個の試料平均 $M_i(i = 1, 2, \cdots, m)$ の加重平均の重み係数は，測定値の個数 n_i に比例すると考えるのが妥当である。したがって，m 個の試料平均 $M_i(i = 1, 2, \cdots, m)$ の加重平均 M は

$$M = \left(\sum_{i=1}^{m} n_i M_i\right) \Big/ \sum_{i=1}^{m} n_i$$

となる。

(2) 試料平均 $M_i(i = 1, 2, \cdots, m)$ の分散は $\sigma^2/n_i(i = 1, 2, \cdots, m)$ であるから，誤差伝播の法則から，M の分散 σ_M^2 は次式により得られる。

$$\begin{aligned}\sigma_M^2 &= n_1^2 \left(\sum_{i=1}^{m} n_i\right)^{-2} \sigma^2 n_1^{-1} + n_2^2 \left(\sum_{i=1}^{m} n_i\right)^{-2} \sigma^2 n_2^{-1} + \cdots \\ &\quad + n_m^2 \left(\sum_{i=1}^{m} n_i\right)^{-2} \sigma^2 n_m^{-1} \\ &= \left(\sum_{i=1}^{m} n_i\right)^{-2} \sigma^2 \left(\sum_{i=1}^{m} n_i\right) = \sigma^2 \left(\sum_{i=1}^{m} n_i\right)^{-1}\end{aligned}$$

【2】 間接測定の出力値 y を測定の入力値 $x_1, x_2, \cdots, x_n$ の関数 $f(x_1, x_2, \cdots, x_n)$ として表すと，関数に強い非線形性がなければ，測定誤差 δ_y は，次式のように，入力測定値 $x_1, x_2, \cdots, x_n$ の母平均 $\mu_1, \mu_2, \cdots, \mu_n$ の周りにおける関数 $f(x_1, x_2, \cdots, x_n)$ のテイラー級数展開の 1 次項で近似することができる（式 (5.13) 参照）。ただし，$\delta_i = x_i - \mu_i(i = 1, 2, \cdots, n)$。

$$\begin{aligned}\delta_y &= y - f(\mu_1, \mu_2, \cdots, \mu_n) \\ &= f(x_1, x_2, \cdots, x_n) - f(\mu_1, \mu_2, \cdots, \mu_n) \\ &= \delta_1 \cdot \left(\frac{\partial f}{\partial x_1}\right)_{\mu_1} + \delta_2 \cdot \left(\frac{\partial f}{\partial x_2}\right)_{\mu_2} + \cdots + \delta_n \cdot \left(\frac{\partial f}{\partial x_n}\right)_{\mu_n}\end{aligned}$$

したがって，測定誤差 δ_y の分散 σ_y^2 は，期待値 $E[\delta_y^2]$ を計算することにより次式のように求められ，不確かさの伝播法則が導かれる。ただし，$\sigma_i^2 = E[\delta_i^2](i = 1, 2, \cdots, n)$ である。

$$\begin{aligned}\sigma_y^2 &= E[\delta_y^2] \\ &= \left(\frac{\partial f}{\partial x_1}\right)_{\mu_1}^2 \cdot \sigma_1^2 + \left(\frac{\partial f}{\partial x_2}\right)_{\mu_2}^2 \cdot \sigma_2^2 + \cdots + \left(\frac{\partial f}{\partial x_n}\right)_{\mu_n}^2 \cdot \sigma_n^2\end{aligned}$$

【3】 測定値 32.9 を平均 19.9 と標準偏差 5.4 で規格化すると

$$t = \frac{32.9 - 19.9}{5.4} \fallingdotseq 2.4$$

したがって，測定値が平均値 m_a から標準偏差 σ_m の 2.4 倍以上ずれる確率 P（$t \geqq 2.4$ または $t \leqq -2.4$）は，累積分布関数 $\Phi(t)$ および誤差関数 $\mathrm{erf}(t/\sqrt{2})$ を用いて，式 (5.2) から，以下のように求められる。

$$P(t \geqq 2.4 \text{ または } t \leqq -2.4) = 2 \times \{1 - \Phi(2.4)\}$$
$$= 2 - \left\{1 + \mathrm{erf}\,(2.4/\sqrt{2})\right\}$$

誤差関数表から

$$P(t \geqq 2.4 \text{ または } t \leqq -2.4) = 1 - \mathrm{erf}\,(1.70) = 1 - 0.984 = 0.016$$

したがって，10 回の測定でこのようなずれが生じる回数は 0.16 回以下程度と期待される。よって，ショーブネの判断基準によれば，測定値 32.9 を除外することができる。

6 章

【1】 三角分布の確率密度関数 $f(x)$ は次式のように表すことができる。

$$f(x) = f_+(x) + f_-(x)$$

ただし

$$f_+(x) = -a^{-2}\left(x - \frac{a_+ + a_-}{2}\right) + \frac{2}{a_+ - a_-} \qquad \left(\frac{a_+ + a_-}{2} \leqq x \leqq a_+\right)$$
$$f_-(x) = a^{-2}\left(x - \frac{a_+ + a_-}{2}\right) + \frac{2}{a_+ - a_-} \qquad \left(a_- \leqq x < \frac{a_+ + a_-}{2}\right)$$

したがって

$$\overline{x} = E\,[xf(x)]$$
$$= \int_{(a_+ + a_-)/2}^{a_+} xf_+(x)\,dx + \int_{a_-}^{(a_+ + a_-)/2} xf_+(x)\,dx$$

$f_+(x)$ と $f_-(x)$ を代入し，変数変換 $x - (a_+ + a_-)/2 = x'$ を行って，数式を整理すると

$$\overline{x} = \frac{1}{a^2}(a_+ + a_-)\int_0^a (a - x')dx' = \frac{a_+ + a_-}{2}$$

同様に，以下，$\sigma_x^2 = E\,[(x - \overline{x})^2]$ を計算する。$\overline{x} = (a_+ + a_-)/2$，$a_+ = \overline{x} + a$，$a_- = \overline{x} - a$ であるから

$$\sigma_x^2 = \int_{a_-}^{a_+} (x-\overline{x})^2 f(x)dx = \int_{\bar{x}}^{\bar{x}+a} (x-\overline{x})^2 f_+(x)dx + \int_{\bar{x}-a}^{\bar{x}} (x-\overline{x})^2 f_-(x)dx$$

また

$$f_+(x) = -\frac{1}{a^2}(x - \overline{x}) + \frac{1}{a} \qquad (\overline{x} \leqq x \leqq \overline{x} + a)$$

$$f_-(x) = \frac{1}{a^2}(x - \overline{x}) + \frac{1}{a} \qquad (\overline{x} - a \leqq x < \overline{x})$$

であるから

$$\sigma_x^2 = \int_{\bar{x}}^{\bar{x}+a} (x - \overline{x})^2 \left\{ -\frac{1}{a^2}(x - \overline{x}) + \frac{1}{a} \right\} dx + \int_{\bar{x}-a}^{\bar{x}} (x - \overline{x})^2 \left\{ \frac{1}{a^2}(x - \overline{x}) + \frac{1}{a} \right\} dx$$

ここで，変数変換 $x - \overline{x} = x'$ を行って数式を整理すると

$$\sigma_x^2 = \frac{2}{a^2} \int_0^a x'^2 (a - x') dx' = \frac{a^2}{6}$$

答は $\overline{x} = (a_+ + a_-)/2$，$\sigma_x = a/\sqrt{6}$ となる。

【2】 測定のモデル関数 $f(x_1, x_2, \cdots, x_n)$ を点 $(a_1, a_2, \cdots, a_n)$ の周りでテイラー級数展開し，2 次項までの近似式を求めると次式が得られる。

$$f(x_1, x_2, \cdots, x_n) = f(a_1, a_2, \cdots, a_n) + \sum_{i=1}^{n} (x - a_i) \cdot \frac{\partial}{\partial x_i} f(a_1, a_2, \cdots, a_n) + \frac{1}{2} \sum_{i=1}^{n} (x_i - a_i)^2 \cdot \frac{\partial^2}{\partial x_i^2} f(a_1, a_2, \cdots, a_n) + \sum_{\substack{i=1 \\ (i<j)}}^{n} \sum_{j=1}^{n} (x_i - a_i)(x_j - a_j) \cdot \frac{\partial^2}{\partial x_i \partial x_j} f(a_1, a_2, \cdots, a_n)$$

ブロックゲージの校正のモデル関数は，次式によって与えられている。

$$l = f(l_s, d, \alpha_s, \Delta\alpha, \theta, \Delta\theta) = l_s + d - l_s \cdot (\Delta\alpha \cdot \theta + \alpha_s \cdot \Delta\theta)$$

そこで，上記近似公式を参照し，入力推定値 $\overline{l_s}, \overline{d}, \overline{\alpha_s}, \overline{\Delta\alpha}, \overline{\theta}, \overline{\Delta\theta}$ の周りで校正のモデル関数をテイラー級数展開し，2 次項までの近似式を求めると，次式が得られる。

$$\begin{aligned} l - \overline{l} = &(l_s - \overline{l_s}) + (d - \overline{d}) - (l_s - \overline{l_s}) \cdot (\overline{\Delta\alpha} \cdot \overline{\theta} + \overline{\alpha_s} \cdot \overline{\Delta\theta}) \\ &- (\Delta\alpha - \overline{\Delta\alpha}) \cdot \overline{l_s} \cdot \overline{\theta} - (\theta - \overline{\theta}) \cdot \overline{l_s} \cdot \overline{\Delta\alpha} - (\alpha_s - \overline{\alpha_s}) \cdot \overline{l_s} \cdot \overline{\Delta\theta} \\ &- (\Delta\theta - \overline{\Delta\theta}) \cdot \overline{l_s} \cdot \overline{\alpha_s} - (l_s - \overline{l_s}) \cdot (\Delta\alpha - \overline{\Delta\alpha}) \cdot \overline{\theta} \\ &- (\Delta\alpha - \overline{\Delta\alpha}) \cdot (\theta - \overline{\theta}) \cdot \overline{l_s} - (l_s - \overline{l_s}) \cdot (\theta - \overline{\theta}) \cdot \overline{\Delta\alpha} \\ &- (l_s - \overline{l_s}) \cdot (\alpha_s - \overline{\alpha_s}) \cdot \overline{\Delta\theta} - (\alpha_s - \overline{\alpha_s}) \cdot (\Delta\theta - \overline{\Delta\theta}) \cdot \overline{l_s} \\ &- (l_s - \overline{l_s}) \cdot (\Delta\theta - \overline{\Delta\theta}) \cdot \overline{\alpha_s} \end{aligned}$$

ここで，校正条件から，$\overline{\Delta\alpha} = 0, \overline{\theta} = 0, \overline{\Delta\theta} = 0$ とすると

$$l-\bar{l}=(l_s-\overline{l_s})+(d-\bar{d})-\Delta\theta\cdot\overline{l_s}\cdot\overline{\alpha_s}-\Delta\alpha\cdot\theta\cdot\overline{l_s}$$
$$-(\alpha_s-\overline{\alpha_s})\cdot\Delta\theta\cdot\overline{l_s}-(l_s-\overline{l_s})\cdot\Delta\theta\cdot\overline{\alpha_s}$$

したがって，被校正ブロックゲージの合成標準不確かさ $u_c(l)$ は，次式のように求められる。

$$u_c^2(l)=u^2(l_s)+u^2(d)+\overline{l_s}^2\cdot\overline{\alpha_s}^2\cdot u^2(\Delta\theta)+\overline{l_s}^2\cdot u^2(\Delta\alpha)\cdot u^2(\theta)$$
$$+\overline{l_s}^2\cdot u^2(\alpha_s)\cdot u^2(\Delta\theta)+\overline{\alpha_s}^2\cdot u^2(l_s)\cdot u^2(\Delta\theta)$$

ここで，上式第3項に比し，第5項と第6項は，それぞれ通常 $u^2(\alpha_s)/\overline{\alpha_s}^2\ll 1$，$u^2(l_s)/\overline{l_s}^2\ll 1$ の比率であるので，無視することができる。したがって，次式に示すように，式 (6.48) が得られる。

$$u_c^2(l)=u^2(l_s)+u^2(d)+\overline{l_s}^2\cdot\overline{\alpha_s}^2\cdot u^2(\Delta\theta)+\overline{l_s}^2\cdot u^2(\Delta\alpha)\cdot u^2(\theta)$$

【3】 式 (6.34) に準じて，次式により温度偏差の標準不確かさ $u(\theta)$ を計算することができる。

$$u(\theta)=E^{1/2}\left[\theta^2\right]=\sqrt{\theta_{ave}^2+\sigma^2(\theta)}$$

ただし

$$\theta_{ave}^2=E^2\left[\theta\right]$$
$$\sigma^2(\theta)=E\left[(\theta-\theta_{ave})^2\right]$$
$$u(\theta)=\sqrt{\theta_{ave}^2+\sigma^2(\theta)}=\sqrt{0.05^2+0.01^2}=0.051$$

式 (6.48)，表 6.1 および式 (6.51) を参照して

$$u_c(l)=\left[30.4^2+\left(0.196\times\overline{l_s}\right)^2+\left\{\left(0.816\times10^{-6}\right)\times0.051\times\left(\overline{l_s}\times10^6\right)\right\}^2\right]^{1/2}$$
$$=\left\{30.4^2+\left(0.196\times\overline{l_s}\right)^2+\left(0.041\,6\times\overline{l_s}\right)^2\right\}^{1/2}\quad〔\mathrm{nm}〕$$

ここで $\overline{l_s}$ の単位は mm であり，標準器の呼び寸法 100 mm を代入すると

$$u_c(l)=\left(30.4^2+19.6^2+4.16^2\right)^{1/2}=36\,\mathrm{nm}$$

7 章

【1】 ヤング率の標準偏差 σ_E は，誤差伝播の法則と理論式 $E=4\rho f^2L^2$ から

$$\sigma_E = \left\{ \left(\frac{\partial E}{\partial \rho} \right)^2 \cdot \sigma_\rho^2 + \left(\frac{\partial E}{\partial f} \right)^2 \cdot \sigma_f^2 + \left(\frac{\partial E}{\partial L} \right)^2 \cdot \sigma_L^2 \right\}^{1/2}_{\substack{\rho = \rho_0, \\ f = f_0, \\ L = L_0}}$$

$$= 4 \left\{ \left(f_0^2 L_0^2 \right)^2 \cdot \sigma_\rho^2 + \left(2\rho_0 f_0 L_0^2 \right)^2 \cdot \sigma_f^2 + \left(2\rho_0 f_0^2 L_0 \right)^2 \cdot \sigma_L^2 \right\}^{1/2}$$

したがって，ヤング率の精密率は

$$\frac{\sigma_E}{E} = \left\{ \left(\frac{\sigma_\rho}{\rho_0} \right)^2 + \left(2\frac{\sigma_f}{f_0} \right)^2 + \left(2\frac{\sigma_L}{L_0} \right)^2 \right\}^{1/2}$$

となる。また各測定の精密率の適正比率は

$$\frac{\sigma_\rho}{\rho_0} : \frac{\sigma_f}{f_0} : \frac{\sigma_L}{L_0} = 2 : 1 : 1$$

となるから，ヤング率の精密率 5×10^{-3} を得るためには，各測定の精密率は，以下のとおりとすれば十分である。

$$\frac{\sigma_\rho}{\rho_o} = \frac{5 \times 10^{-3}}{\sqrt{3}} \fallingdotseq 2.9 \times 10^{-3}, \qquad \frac{\sigma_f}{f_o} = \frac{5 \times 10^{-3}}{2\sqrt{3}} \fallingdotseq 1.4 \times 10^{-3}$$

$$\frac{\sigma_L}{L_o} = \frac{5 \times 10^{-3}}{2\sqrt{3}} \fallingdotseq 1.4 \times 10^{-3}$$

【2】 $375.8 \div (130.5 - 105.3) = 14.913$（小数点以下三桁までの計算値）

ここで，式 (7.10)，(7.13) を組み合わせて用いると，本題の総合誤差 E の近似評価式として

$$E = \frac{x_1}{x_2 - x_3} \left(\frac{\varepsilon_1}{x_1} + \frac{\varepsilon_2 + \varepsilon_3}{x_2 - x_3} \right)$$

を得る。数値を代入すると

$$E = 14.913 \times \left(\frac{0.05}{375.8} + \frac{0.05 + 0.05}{130.5 - 105.3} \right) = 0.061$$

したがって，真値はおよそ 14.852 から 14.974 の間にあることになり，小数点以下第一位が変動しているから，計算結果 14.913 の小数点以下第二位以下を四捨五入して，14.9 を計算結果の有効数字とする。

【3】 式 $f(x) = a^{(1)}x^{(1)} + a^{(2)}x^{(2)} + \cdots + a^{(m)}x^{(m)}$ を式 (7.24) に当てはめると，次式が得られる。

$$S = \sum_{i=1}^{n} \left[y_i - (a^{(1)}x_i^{(1)} + a^{(2)}x_i^{(2)} + \cdots + a^{(m)}x_i^{(m)}) \right]^2$$

上式 $a^{(j)}$ で偏微分すると

$$\frac{\partial E}{\partial a^{(j)}} = \frac{\partial}{\partial a^{(j)}} \sum_{i=1}^{n} \left[y_i - (a^{(1)}x_i^{(1)} + a^{(2)}x_i^{(2)} + \cdots + a^{(m)}x_i^{(m)}) \right]^2$$
$$= -2\sum_{i=1}^{n} \left[y_i - (a^{(1)}x_i^{(1)} + a^{(2)}x_i^{(2)} + \cdots + a^{(m)}x_i^{(m)}) \right] x_i^{(j)}$$

となり，この偏微分を 0 とおくことにより，次式が得られる。

$$\left(\sum_{i=1}^{n} x_i^{(1)} x_i^{(j)}\right) a^{(1)} + \left(\sum_{i=1}^{n} x_i^{(2)} x_i^{(j)}\right) a^{(2)} + \cdots + \left(\sum_{i=1}^{n} x_i^{(m)} x_i^{(j)}\right) a^{(m)}$$
$$= \sum_{i=1}^{n} x_i^{(j)} y_i$$

そして，上式を $j = 1 \sim m$ について連立させると，下に示す正規方程式が得られる。この正規方程式を解くことによって，未知の係数 $a^{(1)}, a^{(2)}, \cdots, a^{(m)}$ が求まる。

$$\begin{pmatrix} \sum_{i=1}^{n} x_i^{(1)} x_i^{(1)} & \sum_{i=1}^{n} x_i^{(2)} x_i^{(1)} & \cdots & \sum_{i=1}^{n} x_i^{(m)} x_i^{(1)} \\ \sum_{i=1}^{n} x_i^{(1)} x_i^{(2)} & \sum_{i=1}^{n} x_i^{(2)} x_i^{(2)} & \cdots & \sum_{i=1}^{n} x_i^{(m)} x_i^{(2)} \\ \vdots & \vdots & \ddots & \vdots \\ \sum_{i=1}^{n} x_i^{(1)} x_i^{(m)} & \sum_{i=1}^{n} x_i^{(2)} x_i^{(m)} & \cdots & \sum_{i=1}^{n} x_i^{(m)} x_i^{(m)} \end{pmatrix} \begin{pmatrix} a^{(1)} \\ a^{(2)} \\ \vdots \\ a^{(m)} \end{pmatrix}$$
$$= \begin{pmatrix} \sum_{i=1}^{n} x_i^{(1)} y_i \\ \sum_{i=1}^{n} x_i^{(2)} y_i \\ \vdots \\ \sum_{i=1}^{n} x_i^{(m)} y_i \end{pmatrix}$$

索　　引

―― 著者略歴 ――

石井　明（いしい　あきら）
1966年　早稲田大学理工学部電気通信学科卒業
1968年　早稲田大学大学院理工学研究科修士課程修了（電気工学専攻）
1968年　日本電信電話公社（現 日本電信電話株式会社）入社
1981年　工学博士（早稲田大学）
1992年　エヌ・ティ・ティ・ファネット・システムズ株式会社取締役
1995年　立命館大学教授
2009年　立命館大学特任教授
2014年　立命館大学客員研究員
現在に至る

木股　雅章（きまた　まさふみ）
1976年　名古屋大学大学院工学研究科修士課程修了
1976年　三菱電機株式会社入社
1992年　博士（工学）（大阪大学）
2004年　立命館大学教授
2016年　立命館大学特任教授
現在に至る

金子　透（かねこ　とおる）
1972年　東京大学工学部物理工学科卒業
1974年　東京大学大学院工学系研究科修士課程修了（物理工学専攻）
1974年　日本電信電話公社（現 日本電信電話株式会社）入社
1986年　工学博士（東京大学）
1997年　静岡大学教授
2014年　静岡大学名誉教授

メカトロニクス計測の基礎（改訂版）－新 SI 対応－

Introduction to Measurement in Mechatronics (Revirsed Edition)

2013 年 2 月 25 日　初版第 1 刷発行
2020 年 5 月 10 日　初版第 2 刷発行（改訂版）

検印省略

著　者　石　井　　明
　　　　木　股　雅　章
　　　　金　子　　透
発行者　株式会社　コロナ社
　　　　代表者　牛来真也
印刷所　三美印刷株式会社
製本所　有限会社　愛千製本所

112-0011　東京都文京区千石 4-46-10
発行所　株式会社　コロナ社
CORONA PUBLISHING CO., LTD.
Tokyo Japan
振替 00140-8-14844・電話(03)3941-3131(代)
ホームページ　https://www.coronasha.co.jp

ISBN 978-4-339-04510-9　C3353　Printed in Japan　（大井）